工 业 帮 自 动 化 系 列 教 材

西门子S7-1200 PLC编程 与伺服/步进控制

杨锐　主编

武汉工邺帮教育科技有限公司　组编

华中科技大学出版社
中国·武汉

内 容 简 介

伺服驱动技术作为数控机床、工业机器人及其他产业机械控制的关键技术之一，在国内外普遍受到关注。本书从工控系统实际需要出发，主要讲解松下 A5 伺服系统应用案例、台达 B2 伺服系统应用案例、西门子 V90 伺服系统应用案例、步进电机等内容，使读者可以轻松了解伺服驱动技术，并通过应用实例，做到举一反三，切实解决工作现场遇到的各种问题。

本书可供工控、自动化领域技术人员以及伺服控制初学者阅读，也可供电气工程及自动化、工业自动化、应用电子、计算机应用、机电一体化相关专业师生参考。

图书在版编目（CIP）数据

西门子 S7-1200 PLC 编程与伺服／步进控制／杨锐主编；武汉工邺帮教育科技有限公司组编 .—— 武汉：华中科技大学出版社，2023.11

ISBN 978-7-5772-0172-6

Ⅰ.①西… Ⅱ.①杨… ②武… Ⅲ.① PLC 技术—程序设计 ②伺服控制—控制系统 ③步进控制—控制系统 Ⅳ.① TM571.61 ② TP275

中国国家版本馆 CIP 数据核字 (2023) 第 227827 号

西门子 S7-1200 PLC 编程与伺服／步进控制   杨　锐　主编
Ximenzi S7-1200 PLC Biancheng yu Sifu / Bujin Kongzhi   武汉工邺帮教育科技有限公司　组编

策划编辑：张少奇

责任编辑：杨赛君

封面设计：原色设计

责任监印：周治超

出版发行：华中科技大学出版社（中国·武汉）　　　电话：（027）81321913

　　　　　武汉市东湖新技术开发区华工科技园　　　邮编：430223

录　　排：武汉工邺帮教育科技有限公司

印　　刷：武汉美升印务有限公司

开　　本：787mm×1092mm　1/16

印　　张：9.75

字　　数：200 千字

版　　次：2023 年 11 月第 1 版第 1 次印刷

定　　价：78.00 元

前　　言

　　随着科学技术的进步，伺服驱动技术被广泛应用于工业机器人、数控加工中心、家用智能装备等自动控制系统中，伺服驱动技术成为现代电气控制的重要核心组成部分。对于电气工作人员而言，伺服驱动技术成为其必须了解和掌握的知识。

　　本书详细介绍了伺服系统和步进系统的基本概念、硬件、接线端子、面板、参数设置、PLC 编程在工业控制中的应用等。由于伺服驱动技术知识面太广，涵盖内容太多，特别是不同厂家的产品有不同特点，因此本书主要以主流驱动器应用为例展开。伺服相关设备虽然品牌众多，但万变不离其宗，基本理论是一致的，因此，通过本书的学习，读者既可以掌握伺服驱动的通用原理与应用技术，还可以了解现有主流品牌伺服控制系统的使用方法，有效提高实际工作能力。

　　本书简单易懂、实用性强，针对指令还精心安排了大量的程序示例，方便初学者学习和实践。

　　本书可作为电气工程技术人员学习伺服系统、步进系统的参考用书，也可作为高等院校和职业院校自动化、电气工程、机电一体化等相关专业师生的参考用书。

　　由于编者水平有限，书中难免有不足之处，敬请广大读者批评指正。

编　者

2023 年 7 月

目 录

第1章 绪 论

1.1 伺服系统概述

伺服系统（servomechanism）又称随动系统、伺服控制系统，是用来精确地跟随或复现某个过程的反馈控制系统。伺服系统使物体的位置、方位、状态等输出被控量能够跟随任意变化的输入目标（或给定值）。它的主要任务是按控制命令的要求，对功率进行放大、变换与调控等处理，使驱动装置非常灵活、方便地输出力矩、速度和控制位移。在很多情况下，伺服系统专指被控量（系统的输出量）是机械位移或位移速度、加速度的反馈控制系统，其作用是使机械输出的位移（或转角）准确地跟踪输入的位移（或转角）。

一套伺服系统，必须具备三个部分，即指令部分（就是发信号的控制器，PLC 可以发信号，单片机也可以发信号）、驱动部分（又称伺服驱动器）和执行部分（伺服电机）。伺服系统的作用是实现伺服控制器的功能。它的控制模式有以下三种。

（1）转矩控制模式：伺服电机按给定的转矩进行旋转。

（2）速度控制模式：电机速度设定和电机上所带编码器的速度反馈形成闭环控制，使伺服电机实际速度和设定速度一致。

（3）位置控制模式：上位机给电机设定的位置与电机上所带编码器的位置反馈信号或者设备本身的直接位置测量反馈信号进行比较形成位置闭环控制，以保证伺服电机运动到设定的位置。

伺服系统的特点如下。

（1）精确的检测装置：以形成速度和位置闭环控制。

（2）有反馈比较原理与方法：检测装置实现信息反馈的原理不同，伺服系统反馈比较方法也不相同，常用的有脉冲比较、相位比较和幅值比较 3 种。

（3）高性能的伺服电机（简称伺服电机）：用于高效和复杂型面加工的数控机床，伺服系统将经常处于频繁的启动和制动状态中，这就要求伺服电机的输出力矩与转动惯量的比值大，以产生足够大的加速力矩或制动力矩；要求伺服电机在低速运行时有足够大的输出力矩且运转平稳，以便在与机械运动部分连接时尽量减少中间环节。

（4）宽调速范围的速度调节系统（速度伺服系统）：从系统的控制结构看，数控机床的位置闭环控制系统可看作以位置调节为外环、速度调节为内环的双闭环自动控制系统，其内部的实际工作过程是把位置控制输入转换成相应的速度给定信号后，再通过调速系统驱动伺服电机,实现位置控制。数控机床对调速性能要求比较高,因此要求伺服系统为高性能的宽调速系统。

1.2 伺服控制系统的分类

根据伺服控制系统中是否存在检测反馈环节以及检测反馈环节所在的位置,伺服控制系统可分为开环伺服控制系统、半闭环伺服控制系统和全闭环伺服控制系统三类,各类伺服控制系统组成、功能和特点如下。

1. 开环伺服控制系统

控制系统中没有检测反馈装置的,称为开环伺服控制系统,其结构原理框图如图 1-1 所示。该系统常用的执行元件是步进电机,以步进电机作为执行元件的开环伺服控制系统是步进式伺服系统。开环伺服控制系统结构简单,但精度不是很高。

图 1-1 开环伺服控制系统结构原理框图

2. 半闭环伺服控制系统

通常把检测元件安装在电机轴端而组成的伺服系统称为半闭环伺服控制系统,其结构原理框图如图 1-2 所示。它与全闭环伺服控制系统的区别在于,其检测元件位于系统传动链的中间,工作台的移动位置通过电机上的传感器或是安装在丝杠轴端的编码器间接获得。

图 1-2 半闭环伺服控制系统结构原理框图

由于有部分传动链在系统闭环之外，故其定位精度比全闭环伺服控制系统的稍差。但由于测量角位移比测量线位移容易，并可在传动链的任何转动部位进行角位移的测量和反馈，故其结构比较简单，调整、维护也比较方便。

3. 全闭环伺服控制系统

全闭环伺服控制系统主要由执行元件、检测元件、比较环节、驱动电路和被控对象五部分组成，其结构原理框图如图 1-3 所示。驱动电路的主要任务是将指令脉冲转化为驱动执行元件所需的信号。全闭环伺服控制系统将位置检测器直接安装在工作台上，从而可获得工作台实际位置的精确信息。检测元件检测出被控对象移动部件的实际位置并将位置信息转换成电信号反馈给比较环节。

图 1-3　全闭环伺服控制系统结构原理框图

第 2 章　松下 A5 伺服系统应用案例

　　松下伺服驱动器有多个系列，松下 A5 伺服驱动器是目前应用较为广泛的伺服驱动器，本章以松下 A5 伺服驱动器为例进行讲解。

　　松下 A5 伺服驱动器型号：MADHT1507。伺服电机型号：MSMJ022G1U。

　　该伺服驱动器额定参数如下。

　　电源电压：单相或三相，220~240V。

　　额定输出电压：0~240V（三相）。

　　额定输出电流：1.6A。

　　额定输出功率：200W。

　　编码器类型：增量式。

　　编码器分辨率：1048576（表示每转一圈发送 1048576 个脉冲）。

　　控制方式：位置控制（外部脉冲信号）。西门子 S7-1200 系列 PLC 高速脉冲输出控制伺服驱动器。

2.1　松下 A5 伺服系统硬件介绍

　　松下 A5 系列伺服驱动器对原来的 A4 系列进行了性能升级，其设定和调整极其简单；所配套的电机，采用 20 位增量式编码器，且实现了低齿槽转矩；提高了在低刚性机器上的稳定性，可在高刚性机器上进行高速高精度运转，广泛应用于各种机器。

　　运动控制装置所采用的松下 A5 系列的伺服电机为 MSMJ022G1U 型，铭牌如图 2-1 所示，配套的伺服驱动器型号为 MADHT1507，型号说明如图 2-2 所示。

图 2-1 伺服电机铭牌

图 2-2 松下 A5 系列伺服驱动器型号说明

外形符号	
符号	机箱名称
MADH	A5 系列 A 型机箱
MBDH	A5 系列 B 型机箱
MCDH	A5 系列 C 型机箱
MDDH	A5 系列 D 型机箱
MEDH	A5 系列 E 型机箱
MFDH	A5 系列 F 型机箱

功率元件的最大额定电流

符号	额定电流
T1	10A
T2	15A
T3	30A
T4	35A
T5	50A
T7	75A
TA	100A
TB	150A

电源电压规格

符号	规格	
1	单相	100V
3	三相	200V
4	三相	400V
5	单相/三相	200V

电流检测器的额定电流

符号	额定电流
05	5A
07	7.5A
10	10A
12	12A
20	20A
30	30A
40	40A
64	64A
90	90A
A2	120A

主电路电源	A~D 型	单相/三相 220~240V
	E、F 型	三相 200~230V

2.2　伺服接线端子介绍

松下 A5 伺服驱动器外壳上有可以连接的电源输入端子和电机连接端子，其面板示意图及说明如图 2-3 所示。

序号	名称	用途
1	按键操作器	模式切换键　设置键　数值增大键　数据变更向左进位键　数值减小键
2	L1、L2、L3 主电源输入端子	输入主回路电源
3	L1C、L2C 控制电源输入端子	输入控制回路电源
4	B1、B2、B3 再生放电电阻器连接器端子	使用驱动器内部制动电阻时，B2和B3短接，外接制动电阻时，拆除该短路接线，B1和B2外接制动电阻
5	U、V、W 电机连接端子	连接伺服电机 U、V、W 相
6	X1 USB 连接器	通过 USB 连接到电脑，用软件进行调试
7	X2 串行通信端口	与上位控制器连接时使用，提供连接RS232和RS485的接口
8	X3 安全功能端口	连接上位控制器，进行安全功能控制
9	X4 并行 IO 连接器	输入输出信号用的端口，连接外设控制器
10	X5 反馈光栅尺连接器	外部光栅尺的接口
11	X6 编码器连接器	与电机编码器端子连接的接口
12	PE 接地连接螺钉	与电源及电机接地端子连接，进行接地处理

图 2-3 松下 A5 系列伺服驱动器面板示意图及说明

■■2.2.1　电源输入连接器 XA 介绍

在日系伺服驱动器中，伺服驱动器输入电压有两种形式，第一种为三相 220V，第二种为单相 220V，控制电源为 220V。三相 220V 是指线电压，因日本的电压等级是线电压为 200V，相电压为 110V，所以会有输入三相 220V 电压。在接线时控制电源与伺服输入线电压一样，控制电源和输入的 R、S、T 中的任意两相连接，但是伺服系统在使用单相 220V 电压时不能满载工作，否则可能造成整流器过热。最好增设输入变压器将三相 380V 变为三相 220V 使用。主电源输入端子单相 220V 输入接线示意图和三相 220V 输入接线示意图分别如图 2-4 和图 2-5 所示。

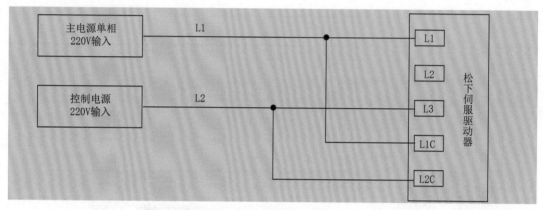

图 2-4　主电源输入端子单相 220V 输入接线示意图

图 2-5　主电源输入端子三相 220V 输入接线示意图

■■2.2.2　再生放电电阻器连接器及电机连接端子 XB 介绍

XB 端子分为两部分：第一部分为再生放电电阻器的接线端子，即制动接线端子；第二部分为电机连接端子，即伺服驱动器的输出端子。

由于制动方式有两种，故制动接线端子有两种接线方式。第一种制动方式使用伺服驱动器内部制动电阻，即 B2 和 B3 短接，一般 A 型和 B 型不需要短接线，C 型和 D 型则需要短接线。注意：电机内置保持制动器仅用于维持停止状态，即保持停止，请勿用于停止电机负载运转。内置制动电阻连接方法如图 2-6 所示。

图 2-6　内置制动电阻连接方法

第二种制动方式为外接制动电阻，即首先拆除 B2 和 B3 的短接，然后 B1 和 B2 外接制动电阻。制动电阻由设计人员单独选择，针对不同功率的伺服驱动器，选择的制动电阻也不一样。外接制动电阻的连接方法如图 2-7 所示。

图 2-7　外接制动电阻连接方法

2.2.3　电源输出端子接线介绍

电源输出端子的接线方式为由伺服驱动器的 U、V、W 三相接入伺服电机的 U、V、W 三相，如图 2-8 所示。

图 2-8　伺服驱动器与伺服电机的接线

2.2.4　伺服接地介绍

伺服驱动器接地线可以保护人员的安全，所以伺服驱动器的保护地线端子和控制器的保护地线必须连接，以免发生触电事故。保护地线端子有 2 个，切勿重复接地。伺服驱动器地线的连接如图 2-9 所示。

图 2-9 伺服驱动器地线的连接

■■ 2.2.5　USB 连接器 X1 介绍

X1 通过 USB 连接到电脑，可用软件进行参数的设定和监视等，详细介绍见表 2–1。

表 2-1 伺服驱动器 USB 连接器 X1 介绍

端口	适用	记号	连接器引线码	内容
X1	USB 信号端子	VBUS	1	
		D–	2	在与电脑通信时使用
		D+	3	
		—	4	请勿连接
		GND	5	已连接至控制电路的接地

■■ 2.2.6　串行通信端口 X2 介绍

X2 为串行通信端口，在与上位控制器连接时使用，提供连接 RS232 及 RS485 的接口，详细介绍见表 2–2。

表 2-2 伺服驱动器串行通信端口 X2 介绍

端口	适用	记号	连接器引线码	内容
X2	信号接地	GND	1	已连接至控制电路的接地
	NC	—	2	请勿连接
	RS232 信号	TXD	3	RS232 收发信号
		RXD	4	
	RS485 信号	485–	5	RS485 收发信号
		485+	6	
		485–	7	
		485+	8	
	框体接地	FG	壳体	已在伺服驱动器内部与保护地线端子连接

伺服驱动器串行通信端口 X2 的引线配置图如图 2-10 所示。

| 8 | 6 | 4 | 2 |
| 7 | 5 | 3 | 1 |

图 2-10　X2 的引线配置图（从电缆侧看）

2.2.7　安全功能端口 X3 介绍

安全功能端口为标配，一般情况下请勿拔开。

连接上位控制器进行安全功能控制时，无法使用附带的连接器，所以请购买选配件。

伺服驱动器安全功能端口 X3 介绍见表 2-3。

表 2-3　伺服驱动器安全功能端口 X3 介绍

端口	适用	记号	连接器引线码	内容
X3	NC	—	1	请勿连接
		—	2	
	安全输入 1	SF1–	3	关闭功率模块的驱动信号，切断电源
		SF1+	4	
	安全输入 2	SF2–	5	
		SF2+	6	
	EDM 输出	EDM–	7	为监视安全功能故障而设置的监视器输出
		EDM+	8	
	框体接地	FG	壳体	已在伺服驱动器内部与保护地线端子连接

2.2.8　并行 IO 连接器 X4 介绍

并行 IO 连接器 X4 用来连接外部上位机，以控制伺服驱动器。在使用上位控制器等外设控制器时，请设置在 3m 以内，与主电路配线的距离应超过 30cm。请勿使电缆铺设于同一缆槽或捆扎在一起。并行 IO 连接器端口分布如图 2-11 所示。

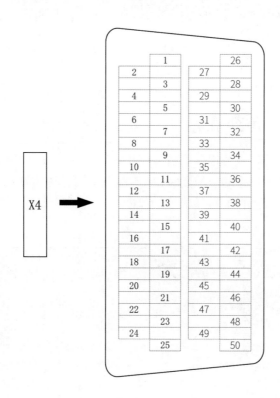

图 2-11 并行 IO 连接器端口分布

2.2.9 反馈光栅尺连接器 X5 介绍

外部光栅尺的电源须由用户准备，或使用外部光栅尺用电源（输出电流在 250mA 以下）。使用外部光栅尺应注意以下事项：

①外部光栅尺用电缆请使用线制在 $0.18mm^2$ 以上的外皮总体屏蔽双绞线电缆。

②电缆长度请控制在 20m 以内。配线长度较长时，为减轻电压下降的影响，5V 电源推荐使用双配线。

③外部光栅尺的屏蔽外皮请与中继电缆的屏蔽外皮连接。此外，驱动器侧务必将屏蔽线的外皮与连接器 X5 的壳体（FG）连接。

④配线尽可能远离（30cm 以上）动力传送电缆（L1、L2、L3、B1、B2、B3、U、V、W），请勿将其铺设在同一条线槽中，也勿捆扎在一起。

⑤ CNX5 的空余引线端请勿连接。

伺服驱动器反馈光栅尺连接器 X5 介绍见表 2-4。

表 2-4 伺服驱动器反馈光栅尺连接器 X5 介绍

端口	适用	记号	连接器引线码	内容
X5	电源输出	EX5V	1	向反馈光栅尺或 A、B、Z 相编码器提供电源
		EX0V	2	已连接至控制电路的接地
	外部光栅尺信号输入输出	EXPS	3	串行信号
		/EXPS	4	收发信号
	A、B、Z 相编码器信号输入	EXA	5	并行信号 接收信号
		/EXA	6	
		EXB	7	
		/EXB	8	
		EXZ	9	
		/EXZ	10	
	框体接地	FG	壳体	已在伺服驱动器内部与保护地线端子连接

■■ 2.2.10　编码器连接器 X6 介绍

编码器为检测元件，主要用来检测电机角度位置并且可以将其换算成直线运行距离，还可以通过单位时间内的脉冲数来计算电机转速。编码器不管是用来检测速度还是位置，都是为了实现精确控制。

伺服驱动器编码器连接器的接线图如图 2-12 所示。

图 2-12 伺服驱动器编码器连接器的接线图

■■2.2.11 伺服电机侧介绍

伺服电机侧的设备主要包含两部分，第一部分为编码器连接器，第二部分为电机连接器，如图 2-13 所示，使用时请按图纸接线。

图 2-13 伺服电机侧的连接器

■■2.2.12 位置控制模式配线图

位置控制模式配线图如图 2-14 所示。

图 2-14 位置控制模式配线图

2.3　松下 A5 系列伺服驱动器的显示模式及操作

2.3.1　松下 A5 系列伺服驱动器操作面板介绍

伺服驱动器的参数设定通常有两种方法：一是通过 USB 端口与 PC 相连，利用专门软件设定；二是通过伺服驱动器本身操作面板设定。松下 A5 系列伺服驱动器可通过操作面板完成参数设定，操作面板按键功能如图 2–15 所示。

序号	内容
1	LED 显示屏（6 位）：发生错误时转换为错误显示画面，LED 显示屏呈闪烁状态（闪烁频率约 2Hz）。警报发生时 LED 显示屏呈缓慢闪烁状态（闪烁频率约 1Hz）
2	模式切换（选择表示时有效），有 4 种模式： ①监视器模式； ②参数设定模式； ③ EEPROM 写入模式； ④辅助功能模式
3	监视器输出连接器
4	设置键（常时有效）：转换选择显示与执行显示模式
5	数据变更向左进位键
6	数值增大键与数值减小键（或统称为方向键）：在各模式中选择显示变更、数据变更、参数变更等，以及执行动作时使用（小数点呈闪烁显示的位数有效）

图 2-15　松下 A5 系列伺服驱动器操作面板按键功能

2.3.2　松下 A5 系列伺服驱动器操作面板的使用方法

在操作面板上进行参数设置的操作包括参数设定和参数保存，具体使用方法如下。在调试参数的过程中，七段数码管数字 / 字母显示请参考图 2–16。

1		6		A/a		F/f		K/k		P/p		U/u	
2		7		B/b		G/g		L/l		Q/q		V/v	
3		8		C/c		H/h		M/m		R/r		Y/y	
4		9		D/d		I/i		N/n		S/s		Z/z	
5		0		E/e		J/j		O/o		T/t		-	

图 2-16　七段数码管数字 / 字母显示

1. LED 显示屏初始显示

当伺服驱动器接通电源时，其面板上 LED 显示屏初始显示如图 2-17 所示，LED 显示屏初始显示取决于参数 Pr5.28 的 LED 显示屏初始状态设定。

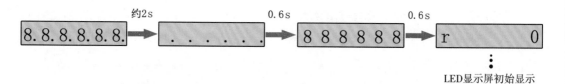

图 2-17 伺服驱动器操作面板上 LED 显示屏初始显示

2. LED 显示屏显示模式的切换

伺服驱动器有多种操作显示模式，触按伺服驱动器的模式切换键"MODE"，可实现各种显示模式的切换。各模式切换设置方法如下：

①按"SET"键进入模式选择界面。

②按"MODE"键在四种不同模式间切换。

四种显示模式如图 2-18 所示。

图 2-18 四种显示模式

①监视器模式：查看显示信息，如报警信息、电机不选择原因等。

②参数设定模式：设置参数。

③EEPROM 写入模式：保存参数。

④辅助功能模式：常用的功能有电机试运行、报警解除、参数初始化等，见表 2-5。

表 2-5 伺服驱动器的辅助功能模式

功能	代码	功能	代码
报警解除	AF_AcL	电机试运行	AF_JoG
A1 零漂自动调整	AF_oF1	绝对编码器清零	AF_Enc
A2 零漂自动调整	AF_oF2	参数初始化	AF_ini
A3 零漂自动调整	AF_oF3	前面板解锁定	AF_unL

2.4 松下 A5 系列伺服驱动器的常见操作案例

伺服驱动器的参数种类较多，主要包括 7 类，即分类 0（基本设定）、分类 1（增益调整）、分类 2（振动抑制功能）、分类 3（速度、转矩、全闭环控制）、分类 4（I/F 监视器设定）、分类 5（扩展设定）和分类 6（特殊设定），因此强烈建议在使用之前将参数恢复出厂设置。

2.4.1 案例 1 参数设置步骤

先按 "SET" 键，再按 "MODE" 键，选择 "PRr000"，切换到参数设定模式，按 ▲▼ 方向键选择通用参数的项目，按 "SET" 键进入，然后按 ▲▼ 方向键调整参数，调整完后，按 "SET" 键返回。

2.4.2 案例 2 参数恢复出厂设置

参数初始化（即参数恢复出厂设置）在辅助功能模式下完成。按 "MODE" 键选择辅助功能模式，出现 "AF_AcL"，然后按 ▲ 方向键选择辅助功能，当出现 "AF_ini" 时按 "SET" 键确认，即选择参数初始化功能，出现执行显示 "ini"。持续按 ▲ 方向键约 2s，出现 "Start" 时参数初始化开始，出现 "Finish" 时参数初始化结束。

2.4.3 案例 3 参数保存设置

按 "MODE" 键，选择 "EE_SET" 后按 "SET" 键确认，出现 "EEP-"，然后持续按 ▲ 方向键 2s，出现 "Finish" 或 "Reset"，最后重新上电即完成参数保存。

2.4.4 案例 4 电机试运行参数设置

按 "MODE" 键，选择 "AF_AcL"，然后按 ▲▼ 方向键选择 "AF_JoG"，按 "SET" 键一次，显示 "JOG-"，然后按 ▲ 方向键 3s 显示 "ready"，再按 ◄ 键 3s，出现 "SRV-ON" 锁紧轴，按 ▲▼ 方向键实现电机正反转。注意，先将伺服使能 29 号线 SRV-ON 断开。

2.5 松下 A5 系列伺服驱动器的位置控制参数设置

2.5.1 位置控制参数说明

伺服驱动装置工作于位置控制模式下。S7-1200 的 Q0.0 输出脉冲作为伺服驱动器的位置指令，脉冲的数量决定了伺服电机的旋转位移，即机械手的直线位移，脉冲的频率决定了伺服电机的旋转速度，即机械手的运动速度；S7-1200 的 Q0.2 输出脉冲作为伺服驱动器的方向指令。对于控制要求较为简单的装置，伺服驱动器可采用自动增益调整模式。松下 A5 伺服驱动器位置控制参数设置如表 2-6 所示。

表 2-6 伺服驱动器位置控制参数设置

序号	参数		设置数值	功能和含义
	参数号	参数名称		
1	Pr0.00	旋转方向设定	0	0：正方向指令时，从轴侧看电机为顺时针旋转 1：正方向指令时，从轴侧看电机为逆时针旋转
2	Pr0.01	控制模式设定	0	0：位置模式 1：速度模式 2：转矩模式
3	Pr0.03	实时自动增益的机械刚性选择	13	设定范围为 0 ~ 31，设定值变高，则速度响应性变高，伺服刚性也提高，但变得容易产生振动。请在确认动作的同时，将设定值由低到高进行变更
4	Pr0.05	指令脉冲输入选择设定	0	指令脉冲输入可选择使用光电耦合器输入或长线驱动专用输入。 0：光电耦合器输入（PULS1，PULS2，SIGN1，SIGN2） 1：长线驱动器专用输入（PULSH1，PULSH2，SIGNH1，SIGNH2）
5	Pr0.06	指令脉冲旋转方向设置	1	0：低电平有效 1：高电平有效
6	Pr0.07	指令脉冲输入方式	3	0 或 2：90°相位差，2 相脉冲（A 相＋ B 相） 1：正方向脉冲序列＋负方向脉冲序列 3：脉冲序列＋符号
7	Pr0.08	电机每旋转一圈的脉冲数	4000	设定电机每旋转一圈的指令脉冲。 此设定值为 0 时 Pr0.09 和 Pr0.10 有效
8	Pr0.09	指令分倍频分子	0	设定指令脉冲输入的分倍频处理的分子，Pr0.08 ＝ 0 时为有效
9	Pr0.10	指令分倍频分母	0	设定指令脉冲输入的分倍频处理的分母，Pr0.08 ＝ 0 时为有效
10	Pr5.04	驱动禁止输入设定	0	0：POT 为正方向驱动禁止，NOT 为负方向驱动禁止 1：POT、NOT 无效 2：POT/NOT 输入任意一方将会发生 Err38.0(驱动禁止输入保护)
11	Pr5.18	指令脉冲禁止输入无效设定	0	0：有效（清除位置指令滤波器 / 指令分倍频功能的剩余脉冲） 1：无效

2.5.2 位置控制参数的设定

1. Pr0.00 旋转方向设定

Pr0.00 旋转方向设定如表 2-7 所示，出厂值为 1。

表 2-7 Pr0.00 旋转方向设定

设定值	含义
0	颠倒
1	不颠倒

注意：设备调试时，如电机方向需要反转，可将 Pr0.00 设置为 0。

2. Pr0.01 控制模式设定

Pr0.01 控制模式设定如表 2-8 所示。

表 2-8 Pr0.01 控制模式设定

设定值	含义
0	位置控制模式：上位机指定电机的设定位置和电机本身的编码器位置反馈信号或者设备本身的直接位置测量反馈信号进行比较形成位置闭环控制，以保证伺服电机运动到设定的位置
1	速度控制模式：电机的设定速度和电机上所带编码器的速度反馈信号形成闭环控制，以保持伺服电机实际速度和设定速度一致
2	转矩控制模式：让伺服电机按给定的转矩进行旋转

设置参数：将 Pr0.01 设置为 0，表示位置控制模式。

3. Pr0.03 实时自动增益的机械刚性选择

Pr0.03 是实时自动增益调整有效时的刚性调试设定参数，设定范围为 0~31，如图 2-19 所示。

图 2-19 实时自动增益调整有效时的刚性调试设定

刚性值高，则速度应答变快，伺服刚性也提高，但装置容易产生振动。一般要求在确认动作的同时，将设定值由低值变为高值。

4. Pr0.05 指令脉冲输入选择设定

Pr0.05 指令脉冲输入选择设定见表 2-9。

表 2-9 Pr0.05 指令脉冲输入选择设定

设定值	含义
0	光电耦合器输入（PULS1、PULS2、SIGN1、SIGN2）
1	长线驱动器专用输入（PULSH1、PULSH2、SIGNH1、SIGNH2）

注意：此参数可以理解为伺服驱动的信号源。0 表示外部脉冲输入，如 PLC 指令脉冲输入；1 表示长线驱动器专用输入，即差分信号输入，需专用设备。

设置参数：将 Pr0.05 设置为 0，表示通过 PLC 发出脉冲。

5. Pr0.06 指令脉冲旋转方向设置

Pr0.06 指令脉冲旋转方向设置如表 2-10 所示。

表 2-10 Pr0.06 指令脉冲旋转方向设置

设定值	含义
0	低电平有效
1	高电平有效

注意：高低电平选择。使用西门子 S7 系列 PLC，Pr0.06 设置为 1；使用三菱 FX 系列 PLC，Pr0.06 设置为 0。

设置参数：将 Pr0.06 设为 1，表示使用西门子 S7 系列 PLC。

6. Pr0.07 指令脉冲输入方式

此参数需要结合 Pr0.06 进行指令脉冲输入配置，如表 2-11 所示。

表 2-11 指令脉冲输入配置

Pr0.06 指令脉冲旋转方向设置值	Pr0.07 指令脉冲输入方式设置值	指令脉冲形式	信号名称	正方向指令	负方向指令
0	0 或者 2	90° 相位差，2 相脉冲（A 相 +B 相）	PULS SIGN	B 相比 A 相超前 90°	B 相比 A 相滞后 90°
	1	正方向脉冲序列 + 负方向脉冲序列	PULS SIGN		
	3	脉冲序列 + 符号	PULS SIGN	"H"	"L"

续表

Pr0.06 指令脉冲旋转方向设置值	Pr0.07 指令脉冲输入方式设置值	指令脉冲形式	信号名称	正方向指令	负方向指令
1	0 或者 2	90° 相位差 2 相脉冲（A 相 +B 相）	PULS SIGN	B 相比 A 相滞后 90°	B 相比 A 相超前 90°
	1	正方向脉冲序列 + 负方向脉冲序列	PULS SIGN		
	3	脉冲序列 + 符号	PULS SIGN	"L"	"H"

90° 相位差：指编码器产生间隔 90° 的脉冲信号驱动伺服驱动器。

脉冲序列 + 符号：脉冲序列代表外部发送脉冲信号，符号为外部信号控制方向。

设置参数：将 Pr0.07 设置为 3，表示使用脉冲 + 方向模式。

7. Pr0.08 电机每旋转一圈的脉冲数

Pr0.08 用来设定电机每旋转一圈所需要的脉冲数。

设置参数：Pr0.08=4000，表示 PLC 每发出 4000 个脉冲，电机转一圈。

8. Pr0.09 指令分倍频分子

此参数为电子齿轮比的分子，如果 Pr0.08 为 0，则 Pr0.09 和 Pr0.10 有效，一般设定为编码器的圈脉冲数。此编码器的分辨率为 1048576。

9. Pr0.10 指令分倍频分母

此参数为电子齿轮比的分母，根据实际情况设定。如果 Pr0.08 为 0，则 Pr0.09 和 Pr0.10 有效。

10. Pr5.04 驱动禁止输入设定

Pr5.04 用于设定驱动禁止输入（POT、NOT）的动作。Pr5.04 驱动禁止输入的设定如表 2–12 所示。

表 2-12 Pr5.04 驱动禁止输入设定

设定值	含义
0	POT 表示正方向驱动禁止；NOT 表示负方向驱动禁止。当 POT 端子 9 和 NOT 端子 8 低电平接通时，电机正常运行；当 POT 端子 9 或 NOT 端子 8 低电平断开时，电机停止运行

续表

设定值	含义
1	POT、NOT 无效
2	POT 表示正方向驱动禁止；NOT 表示负方向驱动禁止。当 POT 端子 9 和 NOT 端子 8 低电平接通时，电机正常运行；当 POT 端子 9 或 NOT 端子 8 低电平断开时，电机停止运行。当 POT 端子 9 和 NOT 端子 8 在低电平断开时，将发生 Err38.0（驱动禁止输入保护）

设置参数：将 Pr5.04 设置为 0，表示当 POT 端子 9 和 NOT 端子 8 低电平接通时电机正常运行，当 POT 端子 9 或 NOT 端子 8 低电平断开时电机停止运行。

11．Pr5.18 指令脉冲禁止输入无效设定

Pr5.18 指令脉冲禁止输入无效设定如表 2-13 所示。

表 2-13 Pr5.18 指令脉冲禁止输入无效设定

设定值	含义
0	当指令脉冲禁止输入端子 33 低电平接通时电机正常运行，当指令脉冲禁止输入端子 33 低电平断开时电机停止运行
1	指令脉冲禁止输入端子 33 无效

设置参数：将 Pr5.18 设置为 0，表示当指令脉冲禁止输入端子 33 低电平接通时电机正常运行，当指令脉冲禁止输入端子 33 低电平断开时电机停止运行。

2.6 松下 A5 伺服驱动器与西门子 S7-1200 PLC

2.6.1 伺服驱动器及其与 PLC 的接线

1．伺服驱动器 POT 端子 9 和 NOT 端子 8 的接线

伺服驱动器 POT 端子 9 和 NOT 端子 8 同时接通时，伺服驱动器才能够正常工作。松下伺服驱动器的信号线是低电平有效的，所以公共端 COM+ 接 24V。POT 端子 9 和 NOT 端子 8 通过限位开关的常闭触点给 0V 信号，与 COM+ 构成回路。触发任意一组限位开关，伺服驱动器执行限位保护，让伺服电机停止运行。伺服驱动器 POT 端子 9 和 NOT 端子 8 的接线如图 2-20 所示。

图 2-20 伺服驱动器 POT 端子 9 和 NOT 端子 8 的接线

2．指令脉冲禁止输入端子 33 的接线

当指令脉冲禁止输入端子 33 低电平接通时电机正常运行，当指令脉冲禁止输入端子 33 低电平断开时电机停止运行。伺服驱动器采用脉冲 + 方向控制时，指令脉冲禁止输入端子 33 有使伺服电机停止运行的功能。松下伺服驱动器的信号线是低电平有效的，所以公共端 COM+ 接 24V。指令脉冲禁止输入端子 33 通过停止按钮的常闭触点给 0V 信号，与 COM+ 构成回路。指令脉冲禁止输入端子 33 的接线如图 2-21 所示。

图 2-21 指令脉冲禁止输入端子 33 的接线

3．伺服 ON 输入的接线

当伺服驱动器执行点动控制时，伺服 ON 输入一定要断开，否则无法进行伺服点动控制。当伺服驱动器采用脉冲 + 方向控制时，伺服 ON 输入必须接通，这样伺服电机才能正常工作。伺服 ON 输入有点动控制与自动控制切换的功能。伺服 ON 输入的接线如图 2-22 所示。

图 2-22 伺服 ON 输入的接线

4．伺服驱动器与 PLC 的接线

（1）脉冲信号接线。

OPC1 端子 1、PULS1 端子 3、PULS2 端子 4 是伺服驱动器的脉冲信号端子。PULS2 端子 4 是脉冲信号的负极，接 0V。OPC1 端子 1 有内置电阻，PLC 提供 24V 脉冲信号，与 PULS2 端子 4 构成回路。PULS1 端子 3 无内置电阻，PLC 提供的 24V 脉冲信号需要串联 2.2kΩ 电阻，与 PULS2 端子 4 构成回路。这里以西门子 S7-1200 PLC 为例说明。西门子 S7-1200 PLC 的 Q0.0、Q0.2、Q0.4、Q0.6 可发送高速脉冲，选择 Q0.0 发送高速脉冲，采用内置电阻的接线如图 2-23 所示，采用外置电阻的接线如图 2-24 所示。

图 2-23 采用内置电阻的接线（脉冲信号）

图 2-24 采用外置电阻的接线（脉冲信号）

（2）方向信号接线。

OPC2 端子 2、SIGN1 端子 5、SIGN2 端子 6 是伺服驱动器的方向信号端子。SIGN2 端子 6 是方向信号的负极，接 0V。OPC2 端子 2 有内置电阻，PLC 提供 24V 电压信号，与 SIGN2 端子 6 构成回路。SIGN1 端子 5 无内置电阻，PLC 提供的 24V 电压信号需要串联 2.2kΩ 电阻，与 SIGN2 端子 6 构成回路。这里以西门子 S7-1200 PLC 为例说明。西门子 S7-1200 PLC 的 Q0.0、Q0.2、Q0.4、Q0.6 是高速脉冲，选择 Q0.1 为方向信号，采用内置电阻的接线如图 2-25 所示，采用外置电阻的接线如图 2-26 所示。

5. 伺服驱动器与 PLC 的完整接线

这里以西门子 S7-1200 PLC 为例说明。西门子 S7-1200 PLC 的 Q0.0 为高速脉冲，Q0.1 为方向信号，采用内置电阻接线方式。NOT 端子 8 接限位开关 SQ1，POT 端子 9 接限位开关 SQ2，指令脉冲禁止输入端子 33 接按钮开关 SB4，伺服 ON 输入端子 29 接按钮开关 SB5。伺服驱动器与 PLC 完整接线见图 2-27。

图 2-25 采用内置电阻的接线（方向信号）

图 2-26 采用外置电阻的接线（方向信号）

图 2-27 伺服驱动器与 PLC 完整接线

2.6.2　S7-1200 PLC 的运动控制功能

S7-1200 PLC 的 CPU 提供两种开环运动控制方式。

①脉宽调制（PWM）：内置于 CPU 中，用于速度、位置或占空比控制。

②运动轴：内置于 CPU 中，用于速度和位置控制。

CPU 提供了最多四个数字量输出，这四个数字量输出可以组态为 PWM 输出，或者组态为运动控制输出。组态为 PWM 输出时，输出的周期是固定的，脉宽或脉冲占空比可通过程序进行控制。脉宽的变化可用于在应用中控制速度或位置。S7-1200 PLC 的 CPU 高速脉冲输出的性能见表 2-14。

表 2-14　高速脉冲输出的性能

CPU/ 信号板	CPU/ 信号板输出通道	脉冲频率	支持电压
CPU1211C	Qa.0~Qa.3	100kHz	+24V，PNP 型
CPU1212C	Qa.0~Qa.3	100kHz	
	Qa.4，Qa.5	20kHz	
CPU1214C，CPU1215C	Qa.0~Qa.3	100kHz	
	Qa.4、Qa.5、Qa.6、Qa.7、Qb.0、Qb.1	20kHz	
CPU1217C	Qa.0~Qa.3	1MHz	
	Qa.4、Qa.5、Qa.6、Qa.7、Qb.0、Qb.1	100kHz	
SB1222，200kHz	Qe.0~Qe.3	200kHz	
SB1223，200kHz	Qe.0，Qe.1	200kHz	
SB1223	Qe.0，Qe.1	20kHz	

脉冲串操作（PTO）按照给定的脉冲个数和周期输出一串方波（占空比为 50%，如图 2-28 所示）。PTO 可以产生单段脉冲串或多段脉冲串，可以 μs 或 ms 为单位指定脉冲宽度和周期。

图 2-28 PTO 原理

2.6.3　S7-1200 PLC 的运动控制指令

（1）MC_Power 系统使能指令。

轴在运动之前，必须使能指令块。MC_Power 系统使能指令具体参数说明见表 2-15。

表 2-15 MC_Power 系统使能指令参数表

LAD（梯形图）	输入／输出	说明	数据类型
	EN	使能	Bool
	Axis	已组态好的工艺对象名称	TO_Axis_1
MC_Power EN ENO Axis Status Enable Busy StopMode Error ErrorID ErrorInfo	StopMode	模式为 0 时，按照组态好的急停曲线停止； 模式为 1 时，立即停止，输出脉冲立即封死	Int
	Enable	为 1 时，轴使能；为 0 时，轴停止	Bool
	ErrorID	错误 ID 码	Word
	ErrorInfo	错误信息	Word

（2）MC_Reset 错误确认指令块。

如果存在一个错误需要确认，例如轴硬件超程，必须调用错误确认指令块进行复位，处理完成后，必须复位才行。MC_Reset 错误确认指令块具体参数说明见表 2-16。

表 2-16 MC_Reset 错误确认指令块参数表

LAD（梯形图）	输入／输出	说明	数据类型
	EN	使能	Bool
	Axis	已组态好的工艺对象名称	TO_Axis_1
MC_Reset EN ENO Axis Done Execute Busy Restart Error ErrorID ErrorInfo	Execute	上升沿使能	Bool
	Busy	是否忙	Bool
	ErrorID	错误 ID 码	Word
	ErrorInfo	错误信息	Word

（3）MC_Home 回参考点指令块。

参考点在系统中有时作为坐标原点，这对于运动控制系统是非常重要的。MC_Home 回参考点指令块具体参数说明见表 2-17。

表 2-17 MC_Home 回参考点指令块参数表

LAD（梯形图）	输入 / 输出	说明	数据类型
	EN	使能	Bool
	Axis	已组态好的工艺对象名称	TO_Axis_1
MC_Home	Execute	上升沿使能	Bool
EN ENO Axis Done Execute Error Position Mode	Position	Mode=0、2 和 3，完成回参考点操作之后轴的绝对位置；Mode=1，当前轴位置的修正值	Real
	Mode	为 0、1 时直接绝对回零；为 2 时被动回零；为 3 时主动回零	Int
	Done	1：任务完成	Bool
	Busy	1：正在执行任务	Bool

（4）MC_Halt 停止轴指令块。

MC_Halt 停止轴指令块用于停止轴的运动，当 Execute 上升沿使能后，轴会按照组态好的减速曲线停车。MC_Halt 停止轴指令块具体参数说明见表 2-18。

表 2-18 MC_Halt 停止轴指令块参数表

LAD（梯形图）	输入 / 输出	说明	数据类型
	EN	使能	Bool
MC_Halt	Axis	已组态好的工艺对象名称	TO_Axis_1
EN ENO Axis Done Execute Busy Command Aborted Error ErrorID ErrorInfo	Execute	上升沿使能	Bool
	Done	1：速度达到零	Bool
	Busy	1：正在执行任务	Bool
	CommandAborted	1：任务在执行期间被另一任务中止	Bool

（5）MC_MoveRelative 相对定位轴指令块。

MC_MoveRelative 相对定位轴指令块的执行不需要建立参考点，只需要定义距离、速度和方向即可，当 Execute 上升沿使能后，轴按照设定的速度和距离运行，其方向由距离中的正负号（+/–）决定。MC_MoveRelative 相对定位轴指令块具体参数说明见表 2–19。

表 2-19 MC_MoveRelative 相对定位轴指令块参数表

LAD（梯形图）	输入 / 输出	说明	数据类型
	EN	使能	Bool
	Axis	已组态好的工艺对象名称	TO_Axis_1
	Execute	上升沿使能	Bool
MC_MoveRelative	Distance	运行距离，正或者负	Real
EN　　　　ENO	Velocity	定义的速度 限制：启动 / 停止速度≤运行速度≤最大速度	Real
Axis　　　Done Execute　Busy Distance　Command 　　　　　Aborted Velocity　Error 　　　　　ErrorID 　　　　　ErrorInfo	Done	1：已到达目标位置	Bool
	Busy	1：正在执行任务	Bool
	CommandAborted	1：任务在执行期间被另一任务中止	Bool

（6）MC_MoveAbsolute 绝对定位轴指令块。

MC_MoveAbsolute 绝对定位轴指令块的执行需要建立参考点，通过定义距离、速度和方向即可。当 Execute 上升沿使能后，轴按照设定的速度和绝对位置运行。MC_MoveAbsolute 绝对定位轴指令块具体参数说明见表 2-20。

表 2-20 MC_MoveAbsolute 绝对定位轴指令块参数表

LAD（梯形图）	输入 / 输出	说明	数据类型
	EN	使能	Bool
	Axis	已组态好的工艺对象名称	TO_Axis_1
	Execute	上升沿使能	Bool
MC_MoveAbsolute	Position	绝对目标位置	Real
EN　　　　ENO Axis　　　Done Execute　Busy Position　Command 　　　　　Aborted Velocity　Error 　　　　　ErrorID 　　　　　ErrorInfo	Velocity	定义的速度 限制：启动 / 停止速度≤运行速度≤最大速度	Real
	Done	1：已到达目标位置	Bool
	Busy	1：正在执行任务	Bool
	CommandAborted	1：任务在执行期间被另一任务中止	Bool

2.6.4　电子齿轮比介绍

电子齿轮比实际上是一个脉冲放大倍率。实际上，上位机所发的脉冲经电子齿轮放大后再送入偏差计数器，因此上位机所发的脉冲数，不一定就是偏差计数器所接收到的脉冲数。

输入脉冲与反馈脉冲的关系如图 2–29 所示。

图 2-29　输入脉冲与反馈脉冲的关系

计算公式：PLC 发出的脉冲数 × 电子齿轮比 = 编码器接收的脉冲数。

Pr0.08 ≠ 0 时，电子齿轮比由编码器分辨率和 Pr0.08 的比值确定，即

$$电子齿轮比 = \frac{编码器分辨率}{Pr0.08}$$

Pr0.08=0 时，电子齿轮比由 Pr0.09 和 Pr0.10 的比值确定，即

$$电子齿轮比 = \frac{Pr0.09}{Pr0.10}$$

【例 1】　PLC 发出 5000 个脉冲，电机旋转 1 圈，如何设置电子齿轮比？

【解】　电机旋转 1 圈，编码器接收的脉冲数为 1048576。

方案 1：Pr0.08 ≠ 0 时，编码器接收的脉冲数 =PLC 发出的脉冲数 × $\frac{编码器分辨率}{Pr0.08}$（电子齿轮比），将数值代入公式，有

$$1048576=5000 \times \frac{1048576}{Pr0.08}$$

得到 Pr0.08=5000，所以电子齿轮比为 $\frac{1048576}{5000}$。

方案 2：Pr0.08=0 时，编码器接收的脉冲数 =PLC 发出的脉冲数 × $\frac{Pr0.09}{Pr0.10}$（电子齿轮比），将数值代入公式，有

$$1048576=5000 \times \frac{Pr0.09}{Pr0.10}$$

得到 $\frac{Pr0.09}{Pr0.10} = \frac{1048576}{5000}$，所以电子齿轮比为 $\frac{1048576}{5000}$。将 Pr0.09 设为 1048576，将 Pr0.10 设为 5000。

【例 2】　丝杠螺距是 4mm，机械减速齿轮比为 1∶1，松下 A5 伺服电机编码器的分辨率为 1048576，脉冲当量 LU 为 0.001mm（LU 为发一个脉冲工件移动的最小位移），如何设置电子齿轮比？

【解】　电子齿轮比设置过程见表 2–21。

表 2-21 电子齿轮比设置

图示	精度：0.001mm　　　负载轴　　工件 编码器分辨率：1048576　　　　滚珠丝杠（螺距：4mm）
机械结构参数	滚珠丝杠的螺距：4mm 减速齿轮比：1：1
编码器分辨率	1048576（松下 A5 伺服电机编码器）
定义 LU （脉冲当量）	1LU=1μm=0.001mm
计算负载轴 每转的脉冲数	4mm/0.001mm=4000
计算电子齿轮比	当 Pr0.08 ≠ 0 时，根据公式编码器接收的脉冲数 =PLC 发出的脉冲数 $\times \dfrac{\text{编码器分辨率}}{\text{Pr0.08}}$（电子齿轮比），将数值代入公式： $$1048576=4000 \times \frac{1048576}{\text{Pr0.08}}$$ 得到 Pr0.08=4000，所以电子齿轮比为 $\dfrac{1048576}{4000}$。 当 Pr0.08=0 时，根据公式编码器接收的脉冲数 =PLC 发出的脉冲数 $\times \dfrac{\text{Pr0.09}}{\text{Pr0.10}}$（电子齿轮比），将数值代入公式： $$1048576=4000 \times \frac{\text{Pr0.09}}{\text{Pr0.10}}$$ 得到 $\dfrac{\text{Pr0.09}}{\text{Pr0.10}} = \dfrac{1048576}{4000}$，所以电子齿轮比为 $\dfrac{1048576}{4000}$
设置参数	方法 1：将 Pr0.08 设置为 4000，Pr0.09、Pr0.10 不用设置 方法 2：将 Pr0.08 设置为 0，Pr0.09 设置为 1048576，Pr0.10 设置为 4000

2.6.5　PLC 程序控制案例

案例 1：　松下 A5 伺服电机正反转

单轴丝杠螺距为 4mm，要求按下正转按钮"I0.0"，电机正转 10 圈，按下反转按钮"I0.1"，电机反转 10 圈，按下停止按钮"I0.2"，电机停止运行。请写出相应的程序。本案例运动控制平台示意图如图 2–30 所示，I/O 分配表见表 2–22。

图 2-30 案例 1 运动控制平台示意图

表 2-22 案例 1 I/O 分配表

输入	功能	输出	功能
I0.0	正转按钮	Q0.0	脉冲输出口
I0.1	反转按钮	Q0.1	电机运行方向
I0.2	停止按钮		

第一步：电子齿轮比的设置。

为了满足速度和精度的要求，将电机的圈脉冲（即电机转一圈所需的脉冲量）设为 1600 个。电机转一圈输入的指令脉冲量（1600 个）和编码器输出的检测脉冲量（1048576 个）不相符。这时我们通过伺服放大器内部虚拟电子齿轮，利用电子齿轮比将指令脉冲量（1600 个）换算成编码器分辨率（1048576）。

可得到电子齿轮比为分子 / 分母 =1048576/1600。

伺服驱动器电子齿轮比的调节方法有两种。

第一种方法：直接设置圈脉冲，不用设置电子齿轮比分子、分母参数，见表 2–23。

表 2-23 直接设置圈脉冲

Pr0.08	电机每旋转一圈的脉冲数	1600	设定相当于电机每旋转一圈的指令脉冲数

第二种方法：不设置圈脉冲，设置电子齿轮比分子、分母参数，见表 2–24。

表 2-24 设置电子齿轮比分子、分母

Pr0.08	电机每旋转一圈的脉冲数	0	设置为 0，电子齿轮比需通过 Pr0.09 和 Pr0.10 设定
Pr0.09	指令分倍频分子	1048576	Pr0.08 为 0，Pr0.09 和 Pr0.10 有效
Pr0.10	指令分倍频分母	1600	Pr0.08 为 0，Pr0.09 和 Pr0.10 有效

第二步：计算丝杠需要的总位移。

根据题意，要求按下"I0.0"，电机走 10 圈，1 圈的位移为 4mm。

可计算丝杠需要的总位移为 10×4mm=40mm。

第三步：硬件组态。

（1）添加轴。

在"工艺对象"中，选择"新增对象"并双击，弹出"新增对象"对话框，在弹出的对话框中选择"TO_PositioningAxis"，点击"确定"，完成添加轴，如图 2-31 所示。

图 2-31　添加轴

（2）双击"组态"，打开组态画面，在"基本参数"中选择"常规"，驱动器选择"PTO（Pulse Train Output）"，"位置单位"选择"mm"，如图 2-32 所示。

图 2-32　常规设置

（3）在"基本参数"中选择"驱动器"，将"脉冲发生器"设置为"Pulse_1"，将"信号类型"设置为"PTO（脉冲 A 和方向 B）"，将"脉冲输出"设置为"%Q0.0"，将"方向输出"设置为"%Q0.1"，如图 2-33 所示。

图 2-33 驱动器设置

（4）在"扩展参数"中选择"机械"，将"电机每转的脉冲数"设置为"1600"，将"电机每转的负载位移"设置为"4.0mm"，如图 2-34 所示。

图 2-34 机械设置

（5）在"回原点"中选择"主动"，将"输入原点开关"设置为"%I0.3"，将"选择电平"设置为"高电平"，将"逼近 / 回原点方向"设置为"负方向"，将"参考点开关一侧"设置为"下侧"，将"逼近速度"设置为"40.0mm/s"，将"回原点速度"设置为"20.0mm/s"，如图 2-35 所示。

图 2-35　回原点设置

第四步：编写 PLC 程序。

查找轴指令，在"指令"中找到"工艺"和"Motion Control"，如图 2-36 所示。

图 2-36　轴指令

主程序如图 2-37 所示。

图 2-37 主程序

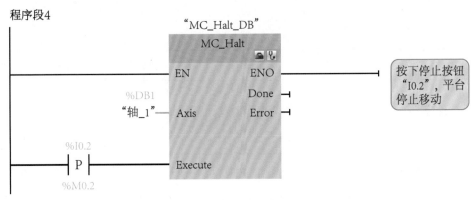

续图 2-37

案例 2：　松下 A5 伺服电机点动

单轴丝杠螺距为 4mm，要求按下"I0.0"，电机点动正转，按下"I0.1"，电机点动反转。请写出相应的程序。本案例运动控制平台示意图如图 2-38 所示，I/O 分配表见表 2-25。

图 2-38　案例 2 运动控制平台示意图

表 2-25　案例 2 I/O 分配表

输入	功能	输出	功能
I0.0	电机点动正转	Q0.0	脉冲输出口
I0.1	电机点动反转	Q0.1	电机运行方向

第一步：电子齿轮比的设置。

为了满足速度和精度的要求，将电机的圈脉冲设为 1600 个。电机转一圈输入的指令脉冲量（1600 个）和编码器输出的检测脉冲量（1048576 个）不相符。这时我们通过伺服放大器内部虚拟电子齿轮，利用电子齿轮比将指令脉冲量（1600 个）换算成编码器分辨率（1048576）。

可得到电子齿轮比为分子 / 分母 =1048576/1600。

伺服驱动器电子齿轮比的调节方法有两种。

第一种方法：直接设置圈脉冲，不用设置电子齿轮比分子、分母参数，见表 2-26。

表 2-26 直接设置圈脉冲

Pr0.08	电机每旋转一圈的脉冲数	1600	设定相当于电机每旋转一圈的指令脉冲数

第二种方法：不设置圈脉冲，设置电子齿轮比分子、分母参数，见表 2-27。

表 2-27 设置电子齿轮比分子、分母

Pr0.08	电机每旋转一圈的脉冲数	0	设置为 0，电子齿轮比需通过 Pr0.09 和 Pr0.10 设定
Pr0.09	指令分倍频分子	1048576	Pr0.08 为 0，Pr0.09 和 Pr0.10 有效
Pr0.10	指令分倍频分母	1600	Pr0.08 为 0，Pr0.09 和 Pr0.10 有效

第二步：硬件组态。

参考 2.6.5 节案例 1 相关内容。

第三步：编写 PLC 程序。

查找轴指令，在"指令"中找到"工艺"和"Motion Control"，如图 2-36 所示。

主程序如图 2-39 所示。

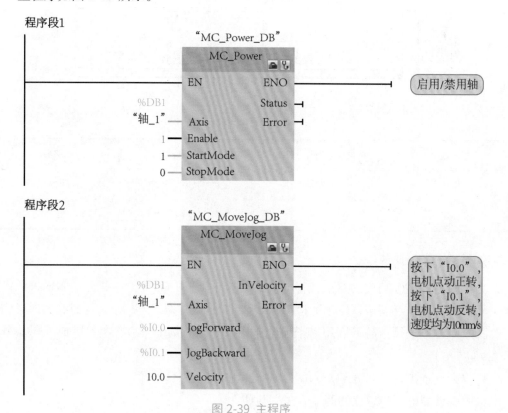

图 2-39 主程序

松下 A5 伺服电机一直正（反）转

　　单轴丝杠螺距为 4mm，要求按下"I0.0"，电机一直正转，按下"I0.1"，电机一直反转，按下"I0.2"，电机停止运行。请写出相应的程序。本案例运动控制平台示意图如图 2-40 所示，I/O 分配表见表 2-28。

图 2-40　案例 3 运动控制平台示意图

表 2-28　案例 3 I/O 分配表

输入	功能	输出	功能
I0.0	正转按钮	Q0.0	脉冲输出口
I0.1	反转按钮	Q0.1	电机运行方向
I0.2	停止按钮		

　　第一步：电子齿轮比的设置。

　　为了满足速度和精度的要求，将电机的圈脉冲设为 1600 个。电机转一圈输入的指令脉冲量（1600 个）和编码器输出的检测脉冲量（1048576 个）不相符。这时我们通过伺服放大器内部虚拟电子齿轮，利用电子齿轮比将指令脉冲量（1600 个）换算成编码器分辨率（1048576）。

　　可得到电子齿轮比为分子 / 分母 =1048576/1600。

　　伺服驱动器电子齿轮比的调节方法有两种。

　　第一种方法：直接设置圈脉冲，不用设置电子齿轮比分子、分母参数，见表 2-29。

表 2-29　直接设置圈脉冲

Pr0.08	电机每旋转一圈的脉冲数	1600	设定相当于电机每旋转一圈的指令脉冲数

　　第二种方法：不设置圈脉冲，设置电子齿轮比分子、分母参数，见表 2-30。

表 2-30 设置电子齿轮比分子、分母

Pr0.08	电机每旋转一圈的脉冲数	0	设置为 0，电子齿轮比需通过 Pr0.09 和 Pr0.10 设定
Pr0.09	指令分倍频分子	1048576	Pr0.08 为 0，Pr0.09 和 Pr0.10 有效
Pr0.10	指令分倍频分母	1600	Pr0.08 为 0，Pr0.09 和 Pr0.10 有效

第二步：硬件组态。

参考 2.6.5 节案例 1 相关内容。

第三步：编写 PLC 程序。

查找轴指令，在"指令"中找到"工艺"和"Motion Control"，如图 2-36 所示。

主程序如图 2-41 所示。

图 2-41 主程序

续图 2-41

案例 4：　松下 A5 伺服系统回原点

　　单轴丝杠螺距为 4mm，要求按下"I0.0"，电机启动，运动控制平台开始回原点，碰到原点开关"I0.3"时电机停止运行，回原点完成。请写出相应的程序。本案例运动控制平台示意图如图 2-42 所示，I/O 分配表见表 2-31。

图 2-42 案例 4 运动控制平台示意图

表 2-31 案例 4 I/O 分配表

输入	功能	输出	功能
I0.0	启动回原点	Q0.0	脉冲输出口
I0.3	原点开关	Q0.1	电机运行方向

第一步：电子齿轮比的设置。

为了满足速度和精度的要求，将电机的圈脉冲设为 1600 个。电机转一圈输入的指令脉冲量（1600 个）和编码器输出的检测脉冲量（1048576 个）不相符。这时我们通过伺服放大器内部虚拟电子齿轮，利用电子齿轮比将指令脉冲量（1600 个）换算成编码器分辨率（1048576）。

可得到电子齿轮比为分子／分母 =1048576/1600。

伺服驱动器电子齿轮比的调节方法有两种。

第一种方法：直接设置圈脉冲，不用设置电子齿轮比分子、分母参数，见表 2-32。

表 2-32 直接设置圈脉冲

Pr0.08	电机每旋转一圈的脉冲数	1600	设定相当于电机每旋转一圈的指令脉冲数

第二种方法：不设置圈脉冲，设置电子齿轮比分子、分母参数，见表 2-33。

表 2-33 设置电子齿轮比分子、分母

Pr0.08	电机每旋转一圈的脉冲数	0	设置为 0，电子齿轮比需通过 Pr0.09 和 Pr0.10 设定
Pr0.09	指令分倍频分子	1048576	Pr0.08 为 0，Pr0.09 和 Pr0.10 有效
Pr0.10	指令分倍频分母	1600	Pr0.08 为 0，Pr0.09 和 Pr0.10 有效

第二步：硬件组态。

参考 2.6.5 节案例 1 相关内容。

第三步：编写 PLC 程序。

查找轴指令，在"指令"中找到"工艺"和"Motion Control"，如图 2-36 所示。

主程序如图 2-43 所示。

图 2-43 主程序

案例 5: 松下 A5 伺服系统自动往返

单轴丝杠螺距为 4mm，要求按下启动按钮"I0.0"，电机开始正转，碰到右限位开关"I0.1"时电机反转，碰到左限位开关"I0.2"时电机正转，按下"I0.3"时电机停止运行。请写出相应的程序。本案例运动控制平台示意图如图 2-44 所示，I/O 分配表见表 2-34。

图 2-44 案例 5 运动控制平台示意图

表 2-34 案例 5 I/O 分配表

输入	功能	输出	功能
I0.0	启动按钮	Q0.0	脉冲输出口
I0.1	右限位开关	Q0.1	电机运行方向
I0.2	左限位开关		
I0.3	停止按钮		

第一步：电子齿轮比的设置。

为了满足速度和精度的要求，将电机的圈脉冲设为 1600 个。电机转一圈输入的指令脉冲量（1600 个）和编码器输出的检测脉冲量（1048576 个）不相符。这时我们通过伺服放大器内部虚拟电子齿轮，利用电子齿轮比将指令脉冲量（1600 个）换算成编码器分辨率（1048576）。

可得到电子齿轮比为分子 / 分母 =1048576/1600。

伺服驱动器电子齿轮比的调节方法有两种。

第一种方法：直接设置圈脉冲，不用设置电子齿轮比分子、分母参数，见表 2-35。

表 2-35 直接设置圈脉冲

Pr0.08	电机每旋转一圈的脉冲数	1600	设定相当于电机每旋转一圈的指令脉冲数

第二种方法：不设置圈脉冲，设置电子齿轮比分子、分母参数，见表 2-36。

表 2-36 设置电子齿轮比分子、分母

Pr0.08	电机每旋转一圈的脉冲数	0	设置为 0，电子齿轮比需通过 Pr0.09 和 Pr0.10 设定
Pr0.09	指令分倍频分子	1048576	Pr0.08 为 0，Pr0.09 和 Pr0.10 有效
Pr0.10	指令分倍频分母	1600	Pr0.08 为 0，Pr0.09 和 Pr0.10 有效

第二步：硬件组态。

参考 2.6.5 节案例 1 相关内容。

第三步：编写 PLC 程序。

查找轴指令，在"指令"中找到"工艺"和"Motion Control"，如图 2-36 所示。

主程序如图 2-45 所示。

图 2-45　主程序

程序段4

续图 2-45

案例 6： 松下 A5 伺服系统 *A*、*B*、*C*、*D* 四点自动往返和停止

单轴丝杠螺距为 4mm，要求按下 "I0.0" 电机启动，运动控制平台开始从 *A* 点移动，1.6s 内走 20mm 到 *B* 点停止。停止 2s 后又开始前进，1.6s 内走 20mm 到 *C* 点停止。停止 2s 后又开始前进，3.2s 内走 40mm 到 *D* 点停止。停止 2s 后开始后退，6.4s 内走 80mm 到 *A* 点停止，停止 2s 后开始下一次循环运行。按下 "I0.1"，电机停止运行。请写出相应的程序。本案例运动控制平台示意图如图 2-46 所示，I/O 分配表见表 2-37。

图 2-46 案例 6 运动控制平台示意图

表 2-37 案例 6 I/O 分配表

输入	功能	输出	功能
I0.0	启动按钮	Q0.0	脉冲输出口
I0.1	停止按钮	Q0.1	电机运行方向

运动控制平台的运动轨迹如图 2-47 所示。

图 2-47　运动控制平台的运动轨迹

第一步：电子齿轮比的设置。

为了满足速度和精度的要求，将电机的圈脉冲设为 1600 个。电机转一圈输入的指令脉冲量（1600 个）和编码器输出的检测脉冲量（1048576 个）不相符。这时我们通过伺服放大器内部虚拟电子齿轮，利用电子齿轮比将指令脉冲量（1600 个）换算成编码器分辨率（1048576）。

可得到电子齿轮比为分子 / 分母 =1048576/1600。

伺服驱动器电子齿轮比的调节方法有两种。

第一种方法：直接设置圈脉冲，不用设置电子齿轮比分子、分母参数，见表 2-38。

表 2-38　直接设置圈脉冲

Pr0.08	电机每旋转一圈的脉冲数	1600	设定相当于电机每旋转一圈的指令脉冲数

第二种方法：不设置圈脉冲，设置电子齿轮比分子、分母参数，见表 2-39。

表 2-39　设置电子齿轮比分子、分母

Pr0.08	电机每旋转一圈的脉冲数	0	设置为 0，电子齿轮比需通过 Pr0.09 和 Pr0.10 设定
Pr0.09	指令分倍频分子	1048576	Pr0.08 为 0，Pr0.09 和 Pr0.10 有效
Pr0.10	指令分倍频分母	1600	Pr0.08 为 0，Pr0.09 和 Pr0.10 有效

第二步：计算速度。

从 A 到 B 需要走 20mm，时间为 1.6s，所以速度为 20mm/1.6s=12.5mm/s，到达 B 点停留 2s。

从 B 到 C 需要走 20mm，时间为 1.6s，所以速度为 20mm/1.6s=12.5mm/s，到达 C 点停留 2s。

从 C 到 D 需要走 40mm，时间为 3.2s，所以速度为 40mm/3.2s=12.5mm/s，到达 D 点停留 2s。

从 D 到 A 需要走 80mm，时间为 6.4s，所以速度为 80mm/6.4s=12.5mm/s，到达 A 点停留 2s 后重新启动。

运动控制平台运行一个循环的总时长为 20.8s，时序图如图 2-48 所示。

图 2-48 运动控制平台的运动时序图

第三步：硬件组态。

参考 2.6.5 节案例 1 相关内容。

第四步：编写 PLC 程序。

查找轴指令，在"指令"中找到"工艺"和"Motion Control"，如图 2-36 所示。

主程序如图 2-49 所示。

图 2-49 主程序

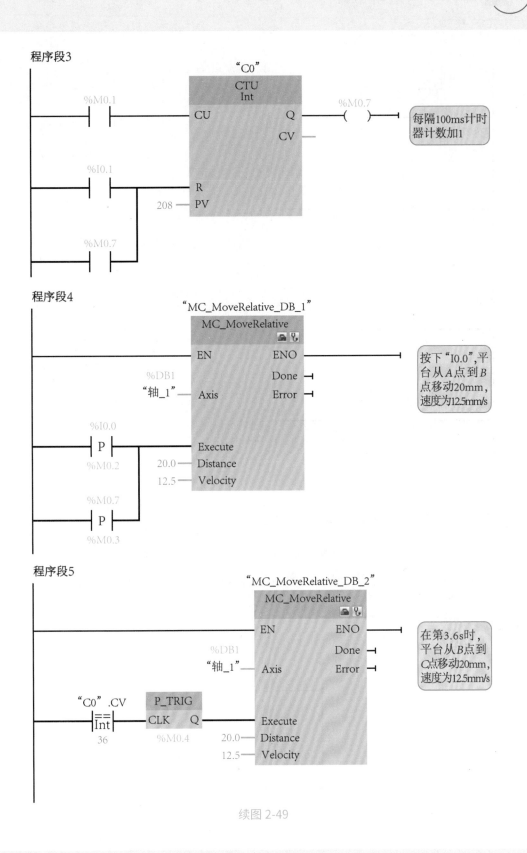

程序段3

"C0"
CTU
Int

%M0.1 ─┤ ├─ CU　　Q ─( )─ %M0.7

每隔100ms计时器计数加1

%I0.1 ─┤ ├─ R
208 ─ PV

%M0.7 ─┤ ├─

CV

程序段4

"MC_MoveRelative_DB_1"
MC_MoveRelative

EN　　ENO
%DB1　　　　Done
"轴_1" ─ Axis　　Error

按下"I0.0",平台从A点到B点移动20mm,速度为12.5mm/s

%I0.0 ─┤P├─ Execute
%M0.2
20.0 ─ Distance
%M0.7 ─┤P├─
%M0.3
12.5 ─ Velocity

程序段5

"MC_MoveRelative_DB_2"
MC_MoveRelative

EN　　ENO
%DB1　　　　Done
"轴_1" ─ Axis　　Error

在第3.6s时,平台从B点到C点移动20mm,速度为12.5mm/s

"C0".CV ─┤==Int├─ P_TRIG
36　　　　CLK　Q ─ Execute
%M0.4
20.0 ─ Distance
12.5 ─ Velocity

续图 2-49

程序段6

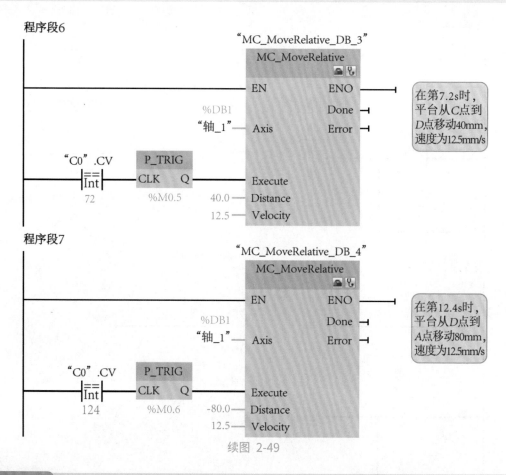

续图 2-49

案例7: 松下 A5 伺服系统画正方形

单轴丝杠螺距为 4mm，要求按下启动按钮"I0.0"，电机启动，运动控制平台沿 X 轴与 Y 轴绘制正方形，正方形边长为 50mm，绘制顺序如图 2-50 所示。按下停止按钮"I0.1"，电机停止运行。请写出相应的程序。本案例运动控制平台示意图如图 2-51 所示，I/O 分配表见表 2-40。

图 2-50 正方形绘制顺序和坐标

图 2-51 案例 7 运动控制平台示意图

表 2-40 案例 7 I/O 分配表

输入	功能	输出	功能
I0.0	启动按钮	Q0.0	X 轴脉冲输出口
I0.1	停止按钮	Q0.1	X 轴电机运行方向
		Q0.2	Y 轴脉冲输出口
		Q0.3	Y 轴电机运行方向

第一步：电子齿轮比的设置。

为了满足速度和精度的要求，将电机的圈脉冲设为 1600 个。电机转一圈输入的指令脉冲量（1600 个）和编码器输出的检测脉冲量（1048576 个）不相符。这时我们通过伺服放大器内部虚拟电子齿轮，利用电子齿轮比将指令脉冲量（1600 个）换算成编码器分辨率（1048576）。

可得到电子齿轮比为分子 / 分母 =1048576/1600。

伺服驱动器电子齿轮比的调节方法有两种。

第一种方法：直接设置圈脉冲，不用设置电子齿轮比分子、分母参数，见表 2-41。

表 2-41 直接设置圈脉冲

Pr0.08	电机每旋转一圈的脉冲数	1600	设定相当于电机每旋转一圈的指令脉冲数

第二种方法：不设置圈脉冲，设置电子齿轮比分子、分母参数，见表 2-42。

表 2-42 设置电子齿轮比分子、分母

Pr0.08	电机每旋转一圈的脉冲数	0	设置为 0，电子齿轮比需通过 Pr0.09 和 Pr0.10 设定
Pr0.09	指令分倍频分子	1048576	Pr0.08 为 0，Pr0.09 和 Pr0.10 有效
Pr0.10	指令分倍频分母	1600	Pr0.08 为 0，Pr0.09 和 Pr0.10 有效

第二步：硬件组态。

组态 X 轴和 Y 轴，参考 2.6.5 节案例 1 相关内容。

第三步：编写 PLC 程序。

查找轴指令，在"指令"中找到"工艺"和"Motion Control"，如图 2-36 所示。

主程序如图 2-52 所示。

图 2-52 主程序

程序段3

"MC_MoveRelative_DB_7"

MC_MoveRelative

EN	ENO
%DB21 "轴_2" — Axis	Done — %M0.3
	Error

%M0.1 — P — %M0.2 — Execute

50.0 — Distance

12.5 — Velocity

运动平台沿 Y轴正向移动 50mm，速度 为12.5mm/s

程序段4

"MC_MoveRelative_DB_8"

MC_MoveRelative

EN	ENO
%DB1 "轴_1" — Axis	Done — %M0.5
	Error

%M0.3 — P — %M0.4 — Execute

-50.0 — Distance

12.5 — Velocity

运动平台沿 X轴反向移动 50mm，速度 为12.5mm/s

程序段5

"MC_MoveRelative_DB_9"

MC_MoveRelative

EN	ENO
	Done
%DB21 "轴_2" — Axis	Error

%M0.5 — P — %M0.6 — Execute

-50.0 — Distance

12.5 — Velocity

运动平台沿 Y轴反向移动 50mm，速度 为12.5mm/s

续图 2-52

程序段6

续图 2-52

案例 8: 松下 A5 伺服系统画三角形

单轴丝杠螺距为 4mm，要求按下启动按钮"I0.0"，电机启动，运动控制平台沿 X 轴与 Y 轴绘制直角三角形，直角三角形的一条直角边为 30mm，另外一条直角边为 40mm，绘制顺序如图 2-53 所示。按下停止按钮"I0.1"，电机停止运行。请写出相应的程序。本案例运动控制平台示意图如图 2-54 所示，I/O 分配表见表 2-43。

图 2-53 直角三角形绘制顺序和坐标

图 2-54　案例 8 运动控制平台示意图

表 2-43　案例 8 I/O 分配表

输入	功能	输出	功能
I0.0	启动按钮	Q0.0	X 轴脉冲输出口
I0.1	停止按钮	Q0.1	X 轴电机运行方向
		Q0.2	Y 轴脉冲输出口
		Q0.3	Y 轴电机运行方向

第一步：电子齿轮比的设置。

为了满足速度和精度的要求，将电机的圈脉冲设为 1600 个。电机转一圈输入的指令脉冲量（1600 个）和编码器输出的检测脉冲量（1048576 个）不相符。这时我们通过伺服放大器内部虚拟电子齿轮，利用电子齿轮比将指令脉冲量（1600 个）换算成编码器分辨率（1048576）。

可得到电子齿轮比为分子 / 分母 =1048576/1600。

伺服驱动器电子齿轮比的调节方法有两种。

第一种方法：直接设置圈脉冲，不用设置电子齿轮比分子、分母参数，见表 2-44。

表 2-44　直接设置圈脉冲

Pr0.08	电机每旋转一圈的脉冲数	1600	设定相当于电机每旋转一圈的指令脉冲数

第二种方法：不设置圈脉冲，设置电子齿轮比分子、分母参数，见表 2-45。

表 2-45 设置电子齿轮比分子、分母

Pr0.08	电机每旋转一圈的脉冲数	0	设置为 0，电子齿轮比需通过 Pr0.09 和 Pr0.10 设定
Pr0.09	指令分倍频分子	1048576	Pr0.08 为 0，Pr0.09 和 Pr0.10 有效
Pr0.10	指令分倍频分母	1600	Pr0.08 为 0，Pr0.09 和 Pr0.10 有效

第二步：硬件组态。

组态 X 轴和 Y 轴，参考 2.6.5 节案例 1 相关内容。

第三步：编写 PLC 程序。

查找轴指令，在"指令"中找到"工艺"和"Motion Control"，如图 2-36 所示。

主程序如图 2-55 所示。

图 2-55 主程序

程序段3

%M0.3 ─┤P├─ INC Int EN ENO %MW100 ─ IN/OUT　　M0.3接通，X轴计数器计数一次

%M0.6 ─┤P├─ INC Int EN ENO %MW102 ─ IN/OUT　　M0.6接通，Y轴计数器计数一次

ADD Auto(UInt) EN ENO %MW100 ─ IN1 OUT ─ %MW104 %MW102 ─ IN2　　总计数

程序段4

%I0.0 ─┤P├─ %M0.1 MOVE EN ENO 30.0 ─ IN OUT1 ─ %MD110　　按下"I0.0"，将X轴的位移设为30mm，速度设为12.5mm/s

MOVE EN ENO 12.5 ─ IN OUT1 ─ %MD114

%MW104 ─┤Word ═══ ├─ 1 P_TRIG CLK Q %M0.4 MOVE EN ENO -30.0 ─ IN OUT1 ─ %MD110　　当MW104等于1时，将X轴的位移设为-30mm，速度设为15mm/s，将Y轴的位移设为40mm，速度设为20mm/s

MOVE EN ENO 15.0 ─ IN OUT1 ─ %MD114

MOVE EN ENO 40.0 ─ IN OUT1 ─ %MD120

MOVE EN ENO 20.0 ─ IN OUT1 ─ %MD124

续图 2-55

程序段5

程序段6

续图 2-55

程序段7

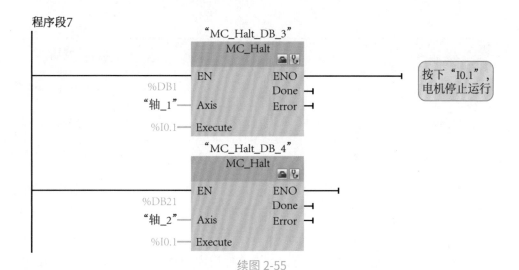

续图 2-55

案例 9：　**松下 A5 伺服系统画五角星**

单轴丝杠螺距为 4mm，要求按下启动按钮 "I0.0"，电机启动，运动控制平台沿 X 轴与 Y 轴绘制五角星，绘制顺序如图 2-56 所示。按下停止按钮 "I0.1"，电机停止运行。请写出相应的程序。本案例运动控制平台示意图如图 2-57 所示，I/O 分配表见表 2-46。

图 2-56　五角星绘制顺序和坐标

图 2-57　案例 9 运动控制平台示意图

表 2-46 案例 9 I/O 分配表

输入	功能	输出	功能
I0.0	启动按钮	Q0.0	X 轴脉冲输出口
I0.1	停止按钮	Q0.1	X 轴电机运行方向
		Q0.2	Y 轴脉冲输出口
		Q0.3	Y 轴电机运行方向

第一步：电子齿轮比的设置。

为了满足速度和精度的要求，将电机的圈脉冲设为 1600 个。电机转一圈输入的指令脉冲量（1600 个）和编码器输出的检测脉冲量（1048576 个）不相符。这时我们通过伺服放大器内部虚拟电子齿轮，利用电子齿轮比将指令脉冲量（1600 个）换算成编码器分辨率（1048576）。

可得到电子齿轮比为分子 / 分母 =1048576/1600。

伺服驱动器电子齿轮比的调节方法有两种。

第一种方法：直接设置圈脉冲，不用设置电子齿轮比分子、分母参数，见表 2-47。

表 2-47 直接设置圈脉冲

Pr0.08	电机每旋转一圈的脉冲数	1600	设定相当于电机每旋转一圈的指令脉冲数

第二种方法：不设置圈脉冲，设置电子齿轮比分子、分母参数，见表 2-48。

表 2-48 设置电子齿轮比分子、分母

Pr0.08	电机每旋转一圈的脉冲数	0	设置为 0，电子齿轮比需通过 Pr0.09 和 Pr0.10 设定
Pr0.09	指令分倍频分子	1048576	Pr0.08 为 0，Pr0.09 和 Pr0.10 有效
Pr0.10	指令分倍频分母	1600	Pr0.08 为 0，Pr0.09 和 Pr0.10 有效

第二步：硬件组态。

组态 X 轴和 Y 轴，参考 2.6.5 节案例 1 相关内容。

第三步：编写 PLC 程序。

查找轴指令，在"指令"中找到"工艺"和"Motion Control"，如图 2-36 所示。

主程序如图 2-58 所示。

图 2-58　主程序

续图 2-58

程序段6

当MW104等于4时，将X轴的位移设为-76.94mm，速度设为25.63mm/s

Y轴的位移设为55.9mm，速度设为18.63mm/s

程序段7

当MW104等于6时，将X轴的位移设为95.1mm，速度设为23.78mm/s

程序段8

当MW104等于7时，将X轴的位移设为-76.94mm，速度设为25.63mm/s

Y轴的位移设为-55.9mm，速度设为18.63mm/s

续图 2-58

程序段9

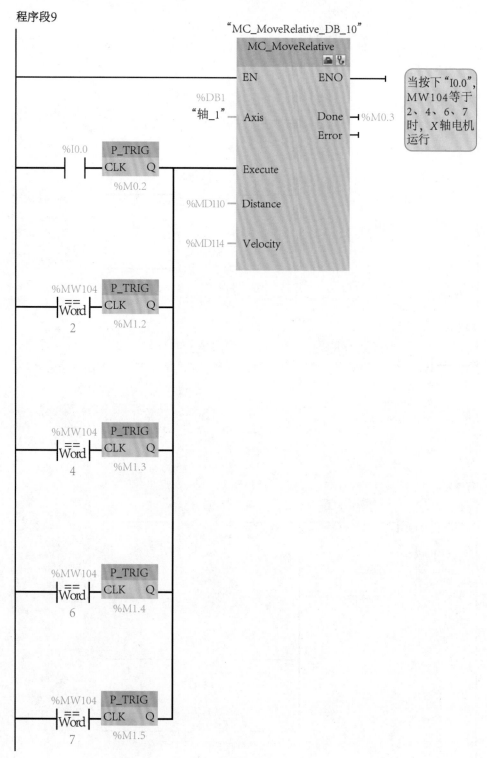

"MC_MoveRelative_DB_10"

MC_MoveRelative

EN ENO

%DB1
"轴_1" — Axis Done — %M0.3

Error

%I0.0 P_TRIG
CLK Q Execute
%M0.2

%MD110 — Distance

%MD114 — Velocity

%MW104 P_TRIG
Word CLK Q
2 %M1.2

%MW104 P_TRIG
Word CLK Q
4 %M1.3

%MW104 P_TRIG
Word CLK Q
6 %M1.4

%MW104 P_TRIG
Word CLK Q
7 %M1.5

当按下"I0.0"，MW104等于2、4、6、7时，X轴电机运行

续图 2-58

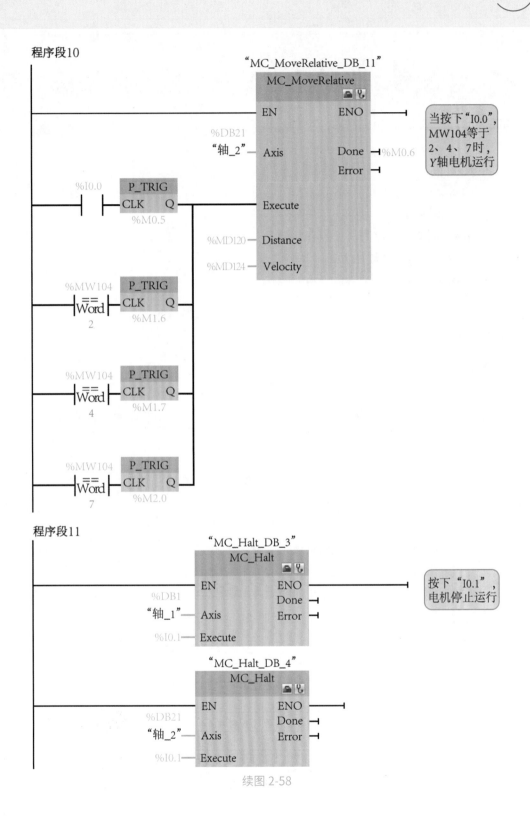

续图 2-58

第3章　台达 B2 伺服系统应用案例

台达伺服驱动器有多个系列，台达 B2 伺服驱动器是目前应用较为广泛的伺服驱动器，本章以台达 B2 伺服驱动器为例进行讲解。

台达 B2 伺服驱动器型号：ASD-B2-0121-B。伺服电机型号：ECMA-E11320RS。

该伺服驱动器额定参数如下。

电源电压：三相 220V 或单相 220V。

额定输出电压：0~110V（三相）。

额定输出电流：0.9A。

额定输出功率：200W。

编码器类型：增量式。

编码器分辨率：160000（表示每转一圈发送 160000 个脉冲）。

控制方式：位置控制（外部脉冲信号）。西门子 S7-1200 系列 PLC 高速脉冲输出控制伺服运动。

3.1　台达 B2 伺服系统硬件介绍

台达 B2 系列伺服驱动器对原来的驱动器进行了性能升级，设定和调整极其简单；所配套的电机，采用增量式编码器，且实现了低齿槽转矩；提高了在低刚性机器上的稳定性，可在高刚性机器上进行高速高精度运转，广泛应用于各种机器。

运动控制装置所采用的台达 B2 系列的伺服电机为 ECMA-E11320RS 型，铭牌如图 3-1 所示，配套的伺服驱动器型号为 ASD-B2-0121-B，铭牌及序号说明如图 3-2 所示。

图 3-1 台达伺服电机 ECMA 系列铭牌

(a) 铭牌

(b) 序号说明

图 3-2 台达 ASD-B2 系列伺服驱动器铭牌及序号说明

3.2 伺服接线端子介绍

　　台达 B2 伺服驱动器外壳上有可以连接的电源输入端子和电机连接端子，其面板示意图及说明如图 3-3 所示。

序号	用途
1	电源指示灯 LED 显示屏 SHIFT：左移键 SET：确定设置键 加减键 MODE：模式键
2	控制回路电源：L$_{1C}$、L$_{2C}$ 供给单相 100~230V、50/60Hz 电源
3	主控制回路电源：R、S、T 连接 AC200~230V、50/60Hz 商用电源
4	伺服电机输出：与电机电源接头 U、V、W 连接
5	再生放电电阻器连接器
6	并行 IO 连接器：与可编程逻辑控制器（PLC）或是控制 I/O 连接
7	编码器连接器：连接伺服电机检测器（编码器）的连接器
8	通信连接器：与个人电脑或控制器连接
9	接地端
10	散热座：固定伺服驱动器和散热

图 3-3 台达 B2 系列伺服驱动器面板示意图及说明

3.2.1 电源输入连接器介绍

伺服驱动器电源接线方法分为单相与三相两种，单相仅允许用于 1.5kW 及 1.5kW 以下机种，三相适用于 B2 全系列产品。控制电源为单相 100~230V。台达 B2 系列伺服驱动器电源接线示意图如图 3-4 所示。

图 3-4 台达 B2 系列伺服驱动器电源接线示意图

3.2.2 再生放电电阻器连接器介绍

当电机的输出力矩和转速的方向相反时，能量从负载端传回至驱动器内。此能量注入 DC-BUS 中的电容，使得其电压值往上升。当电压上升到某一值时，回馈的能量只能靠回生电阻（又称制动电阻，不同品牌说法有差异）来消耗。

再生放电电阻器的接线端子，即制动接线端子。由于制动方式有两种，故制动接线端子有两种接线方式。第一种使用伺服驱动器内部回生电阻，即 P 和 D 端短接，P 和 C 端开路。台达伺服驱动器内部制动接线图如图 3-5 所示。注意，电机内置保持制动器仅用于维持停止状态，即保持停止，请勿用于停止电机负载运转。

图 3-5　台达伺服驱动器内部制动接线图

驱动器内含回生电阻，但使用者也可以外接回生电阻。故第二种制动接线方式为外接回生电阻，即 P 与 C 端接电阻，P 与 D 端开路，如图 3-6 所示。

图 3-6　台达伺服驱动器外部制动接线图

表 3-1 为台达 B2 系列伺服驱动器提供的内含回生电阻的规格。

表 3-1　台达 B2 系列伺服驱动器内含回生电阻规格

驱动器功率 /kW	内含回生电阻规格 /Ω	最小容许电阻值 /Ω
0.1	—	60
0.2	—	60
0.4	100	60
0.75	100	60
1.0	40	30
1.5	40	30
2.0	20	15
3.0	20	15

当回生容量超出内含回生电阻可处理的回生容量时，应外接回生电阻器。使用回生电阻时需注意以下几点：

（1）请正确设定回生电阻的电阻值，否则将影响该功能的执行。

（2）当使用者欲外接回生电阻时，请确定所使用的电阻值与内含回生电阻值相同；若使用者欲以并联方式增加回生电阻器的功率，请确定其电阻值是否满足限制条件。

在自然环境下，当回生电阻器可处理的回生容量（平均值）在额定容量以下时，电阻的温度将上升至 120℃ 以上（在持续回生的情况下）。基于安全考虑，请采用强制冷却方式，以降低回生电阻器的温度，或者使用具有热敏开关的回生电阻器。

■■ 3.2.3 输出接线介绍

伺服驱动器输出接线应遵循说明书线号指示，U 为红色，V 为白色，W 为黑色，FG 为绿色。台达伺服驱动器输出接线图如图 3-7 所示。

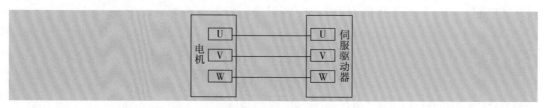

图 3-7 台达伺服驱动器输出接线图

■■ 3.2.4 并行 IO 连接器 CN1 介绍

为了更好地与上位控制器互相沟通，台达伺服驱动器提供可任意规划的 6 组输出及 9 组输入。控制器提供的 9 个输入与 6 个输出设定分别为参数 P2-10 ~ P2-17、P2-36 与参数 P2-18 ~ P2-22、P2-37。除此之外，它还提供差动输出的编码器 A+、A–、B+、B–、Z+、Z– 信号，以及模拟转矩命令输入、模拟速度 / 位置命令输入和脉冲位置命令输入。并行 IO 连接器 CN1 如图 3-8 所示。

侧面图　　　　　背面图

（a）实物图

图 3-8 台达伺服驱动器并行 IO 连接器 CN1

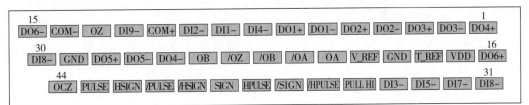

（b）端子顺序图

续图 3-8

3.2.5 编码器连接器 CN2 介绍

（1）编码器的配线请使用双绞屏蔽线（shielded twisted-pair cable），以降低电磁的干扰。

（2）屏蔽层必须确与 Shielding 端相连。

台达伺服驱动器编码器连接器介绍见表 3-2。

表 3-2 台达伺服驱动器编码器连接器介绍

驱动器接头端			电机出线端		
引脚号	端子记号	功能、说明	军规接头	快速接头	颜色
4	T+	串行通信信号输入 / 输出（+）	A	1	蓝
5	T-	串行通信信号输入 / 输出（-）	B	4	蓝黑
–	–	保留	—	—	—
–	–	保留	—	—	—
8	+5V	电源 +5V	S	7	红 / 红白
6，7	GND	电源地线	R	8	黑 / 黑白
Shell	Shielding	屏蔽	L	9	—

台达伺服驱动器编码器连接器如图 3-9 所示。

侧面图　　　　背面图

（a）实物图

（b）端子顺序图

图 3-9 台达伺服驱动器编码器连接器

■■ 3.2.6 通信连接器 CN3 介绍

伺服驱动器通过通信连接器与计算机相连，用户可利用 Modbus 通信结合汇编语言来操作伺服驱动器，或使用 PLC、HMI。

台达伺服驱动器提供两种常用通信接口，即 RS232 和 RS485，其中 RS232 较为常用，通信距离大约 15m。若选择使用 RS485，可达较远的传输距离，且支持多组驱动器同时联机的功能。

台达伺服驱动器通信连接器如图 3-10 所示。

(6)RS485(-)　　　　　　　　(5)RS485(+)

(4)RS232_RX　　　　　　　　(3)保留

(2)RS232_TX　　　　　　　　(1)GND

图 3-10　台达伺服驱动器通信连接器

■■ 3.2.7 伺服电机侧介绍

伺服电机侧的设备主要包含两部分，第一部分为编码器连接器，第二部分为电机连接器，使用时请按图纸接线。伺服电机侧接线说明如图 3-11 所示。

端子信号	线色	说明
U	红	电机三相主电源电力线
V	白	
W	黑	
FG	绿	连接至驱动器的接地处 ⏚

端子信号	线色	引脚号
T+	蓝	4
T-	蓝黑	5
保留	—	3
保留	—	2
保留	—	1
保留	—	9
+5V	红及红/白	8
GND	黑及黑/白	6,7

图 3-11　伺服电机侧接线说明

■■ 3.2.8 位置控制模式配线图

位置控制模式配线图如图 3-12 所示。

图 3-12　位置控制模式配线图

3.3　台达 B2 系列伺服驱动器操作面板介绍

伺服驱动器通常有两种参数设定方法：一是通过 USB 端口与 PC 相连，利用专门软件设定，二是通过伺服驱动器操作面板设定。台达 B2 系列伺服驱动器可通过操作面板完成参数设定，操作面板按键功能如图 3-13 所示。

序号	内容
1	电源指示灯：若指示灯亮，表示此时 P–Bus 尚有高电压
2	MODE 键：模式的状态输入设定
3	▲键：显示部分的内容加一 ▼键：显示部分的内容减一
4	显示屏：由 5 位数的七段 LED 数码管显示伺服状态或异常报警
5	SHIFT：左移键
6	SET：确认设定键

图 3-13 台达 B2 系列伺服驱动器操作面板按键功能

3.4 台达 B2 系列伺服驱动器参数设置的常见案例

参数分为 5 大群组，包括群组 0、群组 1、群组 2、群组 3、群组 4。参数起始代码 P 后的第一字符为群组字符，其后的两个字符为参数字元。通信地址则分别由群组字符及两参数字元的十六位值组合而成。参数群组定义如下。

群组 0：监控参数（例如 P0–××）。

群组 1：基本参数（例如 P1–××）。

群组 2：扩充参数（例如 P2–××）。

群组 3：通信参数（例如 P3–××）。

群组 4：诊断参数（例如 P4–××）。

在调试参数的过程中，七段数码管数字 / 字母显示请参照图 3–14。

1		6		A/a		F/f		K/k		P/p		U/u	
2		7		B/b		G/g		L/l		Q/q		V/v	
3		8		C/c		H/h		M/m		R/r		Y/y	
4		9		D/d		I/i		N/n		S/s		Z/z	
5		0		E/e		J/j		O/o		T/t		–	

图 3-14 七段数码管数字 / 字母显示

■■ 3.4.1 案例 1 参数恢复出厂设置

先按 "MODE" 键，选择 "P0–00" 后，按▲▼方向键选择通用参数项目。按两次 "SHIFT"

键,选择"P2-00",然后按▲方向键调整参数,选择"P2-08"。按"SET"键,选择"00000",按▲方向键设置为"10"(此参数需要断开使能才可调整),接着按"SET"键,屏幕闪烁 2s,参数恢复出厂设置完成。调整完后,按"MODE"键返回主界面。

■■ 3.4.2 案例 2 参数保存设置

先按"MODE"键,选择"P0-00"后,按一次"SHIFT"键,选择"P1-00"。然后按"SET"键,选择"0002",按▲▼方向键,选择"00001",接着按"SET"键,屏幕快速闪烁 1s,参数保存完成,自动返回"P1-00"。调整完后,按"MODE"键返回主界面。

■■ 3.4.3 案例 3 JOG 点动参数设置

先按"MODE"键,选择"P0-00"后,按四次"SHIFT"键,选择"P4-00"。然后按▲方向键,选择"P4-05",再按"SET"键,接着按▲▼方向键调整 JOG 模式的速度,速度确定后按"SET"键,屏幕显示"JOG",按▲▼方向键则电机开始正反转。设置完成后,按"MODE"键返回主界面。

3.5 台达 B2 系列伺服驱动器的参数设置

伺服驱动装置工作于位置控制模式下。S7-1200 的 Q0.0 输出脉冲作为伺服驱动器的位置指令,脉冲的数量决定了伺服电机的旋转位移,即机械手的直线位移,脉冲的频率决定了伺服电机的旋转速度,即机械手的运动速度。S7-1200 的 Q0.2 输出脉冲作为伺服驱动器的方向指令。对于控制要求较为简单的装置,伺服驱动器可采用自动增益调整模式。

根据上述要求,台达 B2 系列伺服驱动器参数设置如表 3-3 所示。

表 3-3 台达 B2 系列伺服驱动器参数设置

序号	参数		设置数值	缺省设置	功能和含义
	参数号	参数名称			
1	P1-00	脉冲形式选择	2	2	形式选择脉冲列 + 符号,正逻辑有效
2	P1-01	控制模式设定	0	0	位置控制模式
3	P1-32	电机停止模式功能	0	0	停止方式为立即停止
4	P1-37	负载惯量与电机本身惯量	10	10	惯量比一般自动估算
5	P1-44	电子齿轮比分子	160000	16	对应编码器分辨率为 160000
6	P1-45	电子齿轮比分母	4000	1	设定指令脉冲发 4000 个电机转一圈
7	P2-10	数字输入接脚 DI1 功能选择	101	101	选择为伺服启动使能,使用常开触点

序号	参数		设置数值	缺省设置	功能和含义
	参数号	参数名称			
8	P2-15	数字输入接脚 DI4 功能选择	0	22	屏蔽输入禁止信号，无报警选择 0
9	P2-16	数字输入接脚 DI5 功能选择	0	23	屏蔽输入负限位信号，无报警选择 0
10	P2-17	数字输入接脚 DI6 功能选择	0	21	屏蔽输入正限位信号，无报警选择 0

3.6 位置控制参数的说明

1. P1-00 外部脉冲列输入形式设定

如表 3-4 所示，形式选择脉冲列 + 符号，正逻辑有效。

表 3-4 P1-00 外部脉冲列输入形式设定

设定值	内容
0	AB 相脉冲列（4×）
1	正转脉冲列及逆转脉冲列
2	脉冲列 + 符号

P1-00 设定值为 0 和 1 时，在高速及低速脉冲输入下脉冲形式如表 3-5 所示。

表 3-5 脉冲形式 1

P1-00 设定值为 "2" 时，高速脉冲输入下脉冲形式如表 3-6 所示，低速脉冲输入下脉冲形式如表 3-7 所示。

表 3-6 脉冲形式 2

逻辑		脉冲形式	高速脉冲输入	
			正向回转	逆向回转
			Sign 为 high	Sign 为 low
0	正逻辑	脉冲列 + 符号	(43) Pulse (41)　(39) Sign (37)　T_4 T_5 T_6 T_5 T_6 T_5 T_4　TH	(43) Pulse (41)　(39) Sign (37)　T_4 T_5 T_6 T_5 T_6 T_5 T_4　TH

表 3-7 脉冲形式 3

逻辑		脉冲形式	低速脉冲输入	
			正向回转	逆向回转
			Sign 为 low	Sign 为 high
0	正逻辑	脉冲列 + 符号	(43) Pulse (41)　(39) Sign (37)　T_4 T_5 T_6 T_5 T_6 T_5 T_4　TH	(43) Pulse (41)　(39) Sign (37)　T_4 T_5 T_6 T_5 T_6 T_5 T_4　TH

注意：在数字电路中，通常是以电压的高和低代表 0 与 1 两种状态。"正逻辑"（positive logic）中高电压用 1 代表，低电压用 0 代表；"负逻辑"（negative logic）中低电压用 1 代表，高电压用 0 代表。如图 3-15 所示。

正逻辑表示　　　　　　　　　　　　负逻辑表示

图 3-15 高、低电压的两种状态表示

设置参数：将 P1-00 设为 2，表示脉冲形式为脉冲列 + 符号。

2. P1-01 控制模式设定

控制模式设定见表 3-8。

表 3-8 控制模式选择

MODE	PT	S	T	Sz	Tz
单一模式					
00	▲				
01	保留				
02		▲			
03			▲		
04				▲	
05					▲

各控制模式说明如下。

PT：位置控制模式，命令来源为外部脉冲输入和外部模拟电压（预计加入）两种，可通过 DI：PTAS 来选择。

S：速度控制模式，命令来源为外部模拟电压和内部缓存器两种，可通过 DI：SPD0，SPD1 来选择。

T：扭矩控制模式，命令来源为外部模拟电压和内部缓存器两种，可通过 DI：TCM0，TCM1 来选择。

Sz：零速度／内部速度缓存器命令。

Tz：零扭矩／内部扭矩缓存器命令。

设置参数：将 P1-01 设为 0，表示位置控制模式。

3. P1-32 电机停止模式功能

参数 P1-32 功能介绍如图 3-16 所示。

图 3-16 参数 P1-32 功能介绍

电机停止模式：当 CWL、CCWL、EMGS 及通信错误状态产生时，执行电机停止模式（不支持 P，即位置控制模式）。显示 0 时，表示瞬间停止；显示 1 时，表示减速停止。

动态刹车执行选项：Servo Off 或 Alarm 发生时的停止模式。显示 0 时，表示执行动态刹车；显示 1 时，表示电机自由运行；显示 2 时，表示先执行动态刹车，静止（电机转速小于 P1-38）后再执行自由运行。

当 PL（CCWL）、NL（CWL）发生时，请参考 P1-06、P1-35、P1-36 的时间设定值来确定减速时间，如果设定 1ms 就会达到瞬间停止的效果。

设置参数：将 P1-32 设为 0，表示停止方式为立即停止。

4. P1-37 负载惯量与电机本身惯量

伺服电机的负载惯量比（旋转式电机）是 J_load／J_motor，其中，J_motor 表示伺服电机的转动惯量；J_load 表示外部机械负载的总体等效转动惯量。

设置参数：将 P1-37 设为 10（惯量比一般自动估算）。

5. P1-44 电子齿轮比分子

设置参数：将 P1-44 设为 160000。对应编码器分辨率为 160000。

6．P1-45 电子齿轮比分母

电子齿轮比设置如图 3-17 所示。注意：设定错误时伺服电机易产生暴冲。

指令脉冲输入比值设定

指令脉冲输入比值范围：$1/50 < N_x/M < 25600 (x=1，2，3，4)$

图 3-17 电子齿轮比设置

设置参数：将 P1-45 设为 4000，表示发 4000 个脉冲电机转一圈。

7．P2-10 数字输入接脚 DI1 功能选择

参数 P2-10 功能介绍如图 3-18 所示。

输入功能选择

输入接点

未使用

图 3-18 参数 P2-10 功能介绍

输入功能选择：所代表的功能请参考表 3-9。

输入接点：属性为 a 或 b 触点。输入 0，表示设定输入接点为常闭 b 触点；输入 1，表示设定输入接点为常开 a 触点。

当参数重新修正后，请重新启动电源以确保功能正常。

注意：可通过 P3-06 参数来规划 DI 是由外部端子来控制还是由通信方式 P4-07 来控制。

设置参数：将 P2-10 设为 101，表示伺服启动，使用常开触点。

8．P2-15 数字输入接脚 DI4 功能选择

设置参数：将 P2-15 设为 0，表示此功能无效。

注意：其输入功能选择所代表的功能请参考表 3-9。

9．P2-16 数字输入接脚 DI5 功能选择

设置参数：将 P2-16 设为 0，表示此功能无效。

注意：其输入功能选择所代表的功能请参考表 3-9。

10. P2-17 数字输入接脚 DI6 功能选择

设置参数：将 P2-17 设为 0，表示此功能无效。

注意：其输入功能选择所代表的功能请参考表 3-9。

表 3-9 输入端子功能选择

符号	数字输入（DI）功能说明	设定值	控制模式
SON	此信号接通时，伺服启动（Servo On）	0X01	ALL
ARST	发生异常，造成异常原因已排除后，此信号接通则驱动器显示的异常信号清除	0X02	ALL
GAINUP	在速度及位置控制模式下，此信号接通（参数 P2-27 需设定为 1）时，增益切换成原增益乘变动比率	0X03	PT，S
CCLR	清除脉冲计数缓存器，清除脉冲定义参数 P2-50 的设定。设定值为 0，表示清除位置脉冲误差量（适用于 PT 模式），导通其信号时，驱动器的位置累积脉冲误差量被清除为 0	0X04	PT
ZCLAMP	当速度低于零速度（参数 P1-38）的设定时，此信号接通后，电机停止运转 	0X05	S
CMDINV	在内部位置缓存器和速度控制模式下，此信号接通后，输入的命令将变成反向	0X06	S，T
保留	保留	0X07	保留
TRQLM	在速度及位置控制模式下，此信号接通，电机扭矩将被限制，限制的扭矩命令为内部缓存器命令或模拟电压命令	0X09	PT，S
SPDLM	在扭矩控制模式下，此信号接通，电机速度将被限制，限制的速度命令为内部缓存器命令或模拟电压命令	0X10	T

符号	数字输入（DI）功能说明	设定值	控制模式
SPD0	速度命令选择 0	0X14,	S
SPD1	速度命令选择 1	0X15	
TCM0	扭矩命令选择 0	0X16,	T
TCM1	扭矩命令选择 1	0X17	
S–P	在位置与速度混合模式下，此信号未接通时，为速度控制模式；此信号接通时，为位置控制模式（PT）	0X18	混合模式
S–T	在速度与扭矩混合模式下，此信号未接通时，为速度控制模式；此信号接通时，为扭矩控制模式	0X19	混合模式
T–P	在位置与扭矩混合模式下，此信号未接通时，为扭矩控制模式；此信号接通时，为位置控制模式	0X20	混合模式
EMGS	此信号接通时，电机紧急停止	0X21	ALL
NL（CWL）	逆向运转禁止极限（b 触点）	0X22	ALL
PL（CCWL）	正向运转禁止极限（b 触点）	0X23	ALL
TLLM	反方向运转扭矩限制	0X25	PT, S
TRLM	正方向运转扭矩限制	0X26	PT, S
JOGU	此信号接通时，电机正方向转动	0X37	ALL
JOGD	此信号接通时，电机反方向转动	0X38	ALL
GNUM0	电子齿轮比分子选择 0	0X43	PT
GNUM1	电子齿轮比分子选择 1	0X44	
INHP	在位置控制模式下，此信号接通时，外部脉冲输入命令无作用	0X45	PT
TQP	扭矩命令来源	0X48	T
TQN	扭矩命令来源	0X49	T

注意：（1）11–17 表示单一控制模式，18–20 表示混合控制模式。

（2）P2–10~P2–17 和 P2–36 设为 0 时，表示输入功能解除。

3.7　台达 B2 伺服驱动器与西门子 S7-1200 PLC

3.7.1　伺服驱动器及其与 PLC 的接线

1. 指令脉冲禁止输入端子 30 的接线

当指令脉冲禁止输入端子 30 低电平接通时电机正常运行，当指令脉冲禁止输入端子

30 低电平断开时电机停止。伺服驱动器采用脉冲 + 方向控制时，指令脉冲禁止输入端子 30 有停止伺服电机的功能。台达 B2 伺服驱动器的信号线是低电平有效的，所以公共端 COM+ 接 24V。指令脉冲禁止输入端子 30 通过停止按钮的常闭触点给 0V 信号，与 COM+ 构成回路。指令脉冲禁止输入端子 30 的接线如图 3-19 所示。

图 3-19 指令脉冲禁止输入端子 30 的接线

2. 伺服驱动器 DI6-CWL 端子 32 和 DI7-CCWL 端子 31 的接线

伺服驱动器 DI6-CWL 端子 32 和 DI7-CCWL 端子 31 同时接通时，伺服电机才能够正常工作。台达 B2 伺服驱动器的信号线是低电平有效的，所以公共端 COM+ 接 24V。DI6-CWL 端子 32 和 DI7-CCWL 端子 31 通过限位开关的常闭触点给 0V 信号，与 COM+ 构成回路。触发任意一组限位开关，伺服驱动器做限位保护，让伺服电机停止。伺服驱动器 DI6-CWL 端子 32 和 DI7-CCWL 端子 31 的接线如图 3-20 所示。

图 3-20 伺服驱动器 DI6-CWL 端子 32 和 DI7-CCWL 端子 31 的接线

3. 伺服 ON 输入接线

当伺服驱动器执行点动控制时，伺服 ON 输入一定要断开，否则无法进行伺服点动控制。如果伺服系统采用脉冲 + 方向控制，伺服 ON 输入线必须接通，伺服电机才能够正常工作。伺服 ON 输入有点动控制与自动控制切换的功能。伺服 ON 输入接线如图 3-21 所示。

图 3-21 伺服 ON 输入接线

4. 伺服驱动器与 PLC 的接线

（1）脉冲信号接线。

PULSE 端子 43 和 PULL-HI 端子 35 是伺服驱动器的脉冲信号端子。PULL-HI 端子 35

是脉冲信号的负极，接 0V。PLC 给 24V 电压脉冲信号，与 PULSE 端子 43 构成回路。这里以西门子 S7-1200 PLC 为例说明。西门子 S7-1200 PLC 的 Q0.0、Q0.2、Q0.4、Q0.6 可发送高速脉冲，此处选择 Q0.0 发送高速脉冲，采用内置电阻接线，如图 3-22 所示。

图 3-22　脉冲信号接线

（2）方向信号接线。

SIGN 端子 39 和 PULL-HI 端子 35 是伺服驱动器的方向信号端子。PULL-HI 端子 35 是方向信号的负极，接 0V。SIGN 端子 39 有内置电阻，PLC 给 24V 电压信号，与 SIGN 端子 39 构成回路。这里以西门子 S7-1200 PLC 为例说明。西门子 S7-1200 PLC 的 Q0.0、Q0.2、Q0.4、Q0.6 可发送高速脉冲，此处选择 Q0.1 为方向信号，采用内置电阻接线，如图 3-23 所示。

图 3-23　方向信号接线

5. 伺服驱动器与 PLC 的完整接线

这里以西门子 S7-1200 PLC 为例说明。西门子 S7-1200 PLC 的 Q0.0 为高速脉冲，

Q0.1 为方向信号，采用内置电阻接线方式。指令脉冲禁止输入端子 30 接按钮开关 SB1。伺服驱动器 DI7-CCWL 端子 31 和 DI6-CWL 端子 32，分别接行程开关 SQ1 和 SQ2。伺服 ON 输入端子 9 接按钮开关 SB2。伺服驱动器与 PLC 的完整接线如图 3-24 所示。

图 3-24 伺服驱动器与 PLC 的完整接线

■■■3.7.2　电子齿轮比介绍

PLC 发出的脉冲数 × 电子齿轮比 = 编码器接收的脉冲数

【例 1】　　PLC 发出 5000 个脉冲，电机旋转 1 圈，如何设置电子齿轮比？

【解】　　电机旋转 1 圈，编码器接收的脉冲数为 160000 个。

$$\text{编码器接收的脉冲数} = \text{PLC 发出的脉冲数} \times \frac{P1-44}{P1-45}（\text{电子齿轮比}）$$

将数值代入上述公式：

$$160000 = 5000 \times \frac{P1-44}{P1-45}$$

$$\frac{P1-44}{P1-45} = \frac{160000}{5000}$$

所以电子齿轮比为 $\dfrac{160000}{5000}$。

【例 2】　　丝杠螺距是 4mm，机械减速齿轮比为 1:1，台达 B2 伺服电机编码器的分辨率为 160000，脉冲当量 LU 为 0.001mm（LU 为发一个脉冲工件移动的最小位移），如何设置电子齿轮比？

【解】 电子齿轮比设置过程见表 3-10。

表 3-10 电子齿轮比设置

图示	精度：0.001mm 负载轴　工件 编码器分辨率：160000　　滚珠丝杠(螺距：4mm)
机械结构参数	滚珠丝杠的螺距：4mm 减速齿轮比：1:1
编码器分辨率	160000（台达 B2 伺服电机编码器）
定义 LU （脉冲当量）	1LU=1μm=0.001mm
计算负载轴 每转的脉冲数	4mm/0.001mm=4000
计算电子齿轮比	根据公式编码器接收的脉冲数 =PLC 发出的脉冲数 $\times \dfrac{P1-44}{P1-45}$（电子齿轮比），将数值代入公式： $$160000=4000 \times \dfrac{P1-44}{P1-45}$$ 得到 $\dfrac{P1-44}{P1-45} = \dfrac{160000}{4000}$，所以电子齿轮比为 $\dfrac{160000}{4000}$
设置参数 （分子 / 分母）	将 P1-44 设置为 160000，P1-45 设置为 4000

3.7.3　PLC 程序控制案例

案例 1：　台达 B2 伺服电机正反转

单轴丝杠螺距为 4mm，要求按下正转按钮"I0.0"，电机正转 10 圈，按下反转按钮"I0.1"，电机反转 10 圈，按下停止按钮"I0.2"，电机停止运行。请写出相应的程序。本案例运动控制平台示意图如图 3-25 所示，I/O 分配表见表 3-11。

图 3-25 案例 1 运动控制平台示意图

表 3-11 案例 1 I/O 分配表

输入	功能	输出	功能
I0.0	正转按钮	Q0.0	脉冲输出口
I0.1	反转按钮	Q0.1	电机运行方向
I0.2	停止按钮		

第一步：电子齿轮比的设置。

为了满足速度和精度的要求，将电机的圈脉冲设为 1600 个。电机转一圈输入的指令脉冲量（1600 个）和编码器输出的检测脉冲量（160000 个）不相符。这时我们通过伺服放大器内部虚拟电子齿轮，利用电子齿轮比将指令脉冲量（1600 个）换算成编码器分辨率（160000）。

可得到电子齿轮比为分子 / 分母 =160000/1600。

伺服驱动器电子齿轮比参数调节如表 3-12 所示。

表 3-12 设置电子齿轮比分子、分母

P1-44	指令分倍频分子	160000	对应编码器分辨率为 160000
P1-45	指令分倍频分母	1600	设置指令脉冲发 1600 个，电机转一圈

第二步：计算电机需要的总脉冲数。

根据题意，要求按下"I0.0"电机走 10 圈，1 圈的脉冲数为 1600 个。

可计算电机需要的总脉冲数为 10 × 1600 个 =16000 个。

第三步：硬件组态。

参考 2.6.5 节案例 1 相关内容。

第四步：编写 PLC 程序。

参考 2.6.5 节案例 1 相关内容。

台达 B2 伺服电机点动

单轴丝杠螺距为 4mm，要求按下"I0.0"，电机点动正转，按下"I0.1"，电机点动反转。请写出相应的程序。本案例运动控制平台示意图如图 3-26 所示，I/O 分配表见表 3-13。

图 3-26 案例 2 运动控制平台示意图

表 3-13 案例 2 I/O 分配表

输入	功能	输出	功能
I0.0	电机点动正转	Q0.0	脉冲输出口
I0.1	电机点动反转	Q0.1	电机运行方向

第一步：电子齿轮比的设置。

为了满足速度和精度的要求，将电机的圈脉冲设为 1600 个。电机转一圈输入的指令脉冲量（1600 个）和编码器输出的检测脉冲量（160000 个）不相符。这时我们通过伺服放大器内部虚拟电子齿轮，利用电子齿轮比将指令脉冲量（1600 个）换算成编码器分辨率（160000）。

可得到电子齿轮比为分子 / 分母 =160000/1600。

伺服驱动器电子齿轮比参数调节如表 3-14 所示。

表 3-14 设置电子齿轮比分子、分母

P1-44	指令分倍频分子	160000	对应编码器分辨率为 160000
P1-45	指令分倍频分母	1600	设置指令脉冲发 1600 个，电机转一圈

第二步：计算电机需要的总脉冲数。

根据题意，要求按下"I0.0"或"I0.1"电机运行，松开"I0.0"或"I0.1"电机停止，所以每次输出脉冲数取 10 个。

第三步：硬件组态。

参考 2.6.5 节案例 1 相关内容。

第四步：编写 PLC 程序。

参考 2.6.5 节案例 2 相关内容。

案例3: 台达 B2 伺服电机一直正（反）转

单轴丝杠螺距为 4mm，要求按下"I0.0"，电机一直正转，按下"I0.1"，电机一直反转，按下"I0.2"，电机停止运行。请写出相应的程序。本案例运动控制平台示意图如图 3-27 所示，I/O 分配表见表 3-15。

图 3-27 案例 3 运动控制平台示意图

表 3-15 案例 3 I/O 分配表

输入	功能	输出	功能
I0.0	正转按钮	Q0.0	脉冲输出口
I0.1	反转按钮	Q0.1	电机运行方向
I0.2	停止按钮		

第一步：电子齿轮比的设置。

为了满足速度和精度的要求，将电机的圈脉冲设为 1600 个。电机转一圈输入的指令脉冲量（1600 个）和编码器输出的检测脉冲量（160000 个）不相符。这时我们通过伺服放大器内部虚拟电子齿轮，利用电子齿轮比将指令脉冲量（1600 个）换算成编码器分辨率（160000）。

可得到电子齿轮比为分子／分母 =160000/1600。

伺服驱动器电子齿轮比参数调节如表 3-16 所示。

表 3-16 设置电子齿轮比分子、分母

P1-44	指令分倍频分子	160000	对应编码器分辨率为 160000
P1-45	指令分倍频分母	1600	设置指令脉冲发 1600 个，电机转一圈

第二步：计算电机需要的总脉冲数。

根据题意，要求按下"I0.0"电机一直正转，按下"I0.1"电机一直反转，所以将脉冲数设为 –1，表示一直发脉冲。

第三步：硬件组态。

参考 2.6.5 节案例 1 相关内容。

第四步：编写 PLC 程序。

参考 2.6.5 节案例 3 相关内容。

案例 4：　台达 B2 伺服系统回原点

单轴丝杠螺距为 4mm，要求按下"I0.0"，电机启动，运动控制平台开始回原点，碰到原点开关"I0.3"时电机停止运行，回原点完成。请写出相应的程序。本案例运动控制平台示意图如图 3-28 所示，I/O 分配表见表 3-17。

图 3-28　案例 4 运动控制平台示意图

表 3-17　案例 4 I/O 分配表

输入	功能	输出	功能
I0.0	启动回原点	Q0.0	脉冲输出口
I0.3	原点开关	Q0.1	电机运行方向

第一步：电子齿轮比的设置。

为了满足速度和精度的要求，将电机的圈脉冲设为 1600 个。电机转一圈输入的指令脉冲量（1600 个）和编码器输出的检测脉冲量（160000 个）不相符。这时我们通过伺服放大器内部虚拟电子齿轮，利用电子齿轮比将指令脉冲量（1600 个）换算成编码器分辨率（160000）。

可得到电子齿轮比为分子 / 分母 =160000/1600。

伺服驱动器电子齿轮比参数调节如表 3-18 所示。

表 3-18　设置电子齿轮比分子、分母

P1-44	指令分倍频分子	160000	对应编码器分辨率为 160000
P1-45	指令分倍频分母	1600	设置指令脉冲发 1600 个，电机转一圈

第二步：计算电机需要的总脉冲数。

根据题意，要求按下"I0.0"电机回原点，碰到"I0.3"电机停止运行，所以将脉冲数设为 −1，表示一直发脉冲。

第三步：硬件组态。

参考 2.6.5 节案例 1 相关内容。

第四步：编写 PLC 程序。

参考 2.6.5 节案例 4 相关内容。

案例 5：　台达 B2 伺服电机自动往返案例

单轴丝杠螺距为 4mm，要求按下启动按钮"I0.0"，电机开始正转，碰到右限位开关"I0.1"时电机反转，碰到左限位开关"I0.2"时电机正转，按下"I0.3"时电机停止运行。请写出相应的程序。本案例运动控制平台示意图如图 3-29 所示，I/O 分配表见表 3-19。

图 3-29　案例 5 运动控制平台示意图

表 3-19　案例 5 I/O 分配表

输入	功能	输出	功能
I0.0	启动按钮	Q0.0	脉冲输出口
I0.1	右限位开关	Q0.1	电机运行方向
I0.2	左限位开关		
I0.3	停止按钮		

第一步：电子齿轮比的设置。

为了满足速度和精度的要求，将电机的圈脉冲设为 1600 个。电机转一圈输入的指令脉冲量（1600 个）和编码器输出的检测脉冲量（160000 个）不相符。这时我们通过伺服放大器内部虚拟电子齿轮，利用电子齿轮比将指令脉冲量（1600 个）换算成编码器分辨率（160000）。

可得到电子齿轮比为分子 / 分母 =160000/1600。

伺服驱动器电子齿轮比参数调节如表 3-20 所示。

表 3-20　设置电子齿轮比分子、分母

P1-44	指令分倍频分子	160000	对应编码器分辨率为 160000
P1-45	指令分倍频分母	1600	设置指令脉冲发 1600 个，电机转一圈

第二步：计算电机需要的总脉冲数。

根据题意，要求按下启动按钮"I0.0"电机开始正转，碰到右限位开关"I0.1"时电机反转，碰到左限位开关"I0.2"时电机正转，所以将脉冲数设为 -1，表示一直发脉冲。

第三步：硬件组态。

参考 2.6.5 节案例 1 相关内容。

第四步：编写 PLC 程序。

参考 2.6.5 节案例 5 相关内容。

案例 6：　台达 B2 伺服系统 A、B、C、D 四点自动往返和停止

单轴丝杠螺距为 4mm，要求按下"I0.0"，电机启动，运动控制平台开始从 A 点移动，1.6s 内走 20mm 到 B 点停止。停止 2s 后又开始前进，1.6s 内走 20mm 到 C 点停止。停止 2s 后又开始前进，3.2s 内走 40mm 到 D 点停止。停止 2s 后开始后退，6.4s 内走 80mm 到 A 点停止，停止 2s 后开始下一次循环运行。按下"I0.1"，电机停止运行。请写出相应的程序。本案例运动控制平台示意图如图 3-30 所示，I/O 分配表见表 3-21。

图 3-30　案例 6 运动控制平台示意图

表 3-21　案例 6 I/O 分配表

输入	功能	输出	功能
I0.0	启动按钮	Q0.0	脉冲输出口
I0.1	停止按钮	Q0.1	电机运行方向

分析运动控制平台的运动轨迹，如图 3-31 所示。

图 3-31 运动控制平台的运动轨迹

第一步：电子齿轮比的设置。

为了满足速度和精度的要求，将电机的圈脉冲设为 1600 个。电机转一圈输入的指令脉冲量（1600 个）和编码器输出的检测脉冲量（160000 个）不相符。这时我们通过伺服放大器内部虚拟电子齿轮，利用电子齿轮比将指令脉冲量（1600 个）换算成编码器分辨率（160000）。

可得到电子齿轮比为分子 / 分母 =160000/1600。

伺服驱动器电子齿轮比参数调节如表 3-22 所示。

表 3-22　设置电子齿轮比分子、分母

| P1-44 | 指令分倍频分子 | 160000 | 对应编码器分辨率为 160000 |
| P1-45 | 指令分倍频分母 | 1600 | 设置指令脉冲发 1600 个，电机转一圈 |

第二步：计算脉冲数和周期。

从 A 到 B 需要走 20mm/4mm=5 圈，要发 1600×5=8000 个脉冲。周期设定为 200μs，需要时间 8000×200μs=1.6s，到达 B 点停留 2s。

从 B 到 C 需要走 20mm/4mm=5 圈，要发 1600×5=8000 个脉冲。周期设定为 200μs，需要时间 8000×200μs=1.6s，到达 C 点停留 2s。

从 C 到 D 需要走 40mm/4mm=10 圈，要发 1600×10=16000 个脉冲。周期设定为 200μs，需要时间 16000×200μs=3.2s，到达 D 点停留 2s。

从 D 到 A 需要走 80mm/4mm=20 圈，要发 1600×20=32000 个脉冲。周期设定为 200μs，需要时间 32000×200μs=6.4s，到达 A 点停留 2s 后重新启动。

运动控制平台运行一个循环的总时长为 20.8s，时序图如图 3-32 所示。

图 3-32 运动控制平台的运动时序图

第三步：硬件组态。

参考 2.6.5 节案例 1 相关内容。

第四步：编写 PLC 程序。

参考 2.6.5 节案例 6 相关内容。

案例 7: 台达 B2 伺服系统画正方形

单轴丝杠螺距为 4mm，要求按下启动按钮"I0.0"，电机启动，运动控制平台沿 X 轴
与 Y 轴绘制正方形，正方形边长为 50mm，绘制顺序如图 3-33 所示。按下停止按钮"I0.1"，
电机停止运行。请写出相应的程序。本案例运动控制平台示意图如图 3-34 所示，I/O 分配
表见表 3-23。

图 3-33 正方形绘制顺序和坐标

图 3-34 案例 7 运动控制平台示意图

表 3-23 案例 7 I/O 分配表

输入	功能	输出	功能
I0.0	启动按钮	Q0.0	X 轴脉冲输出口
I0.1	停止按钮	Q0.1	X 轴电机运行方向
		Q0.2	Y 轴脉冲输出口
		Q0.3	Y 轴电机运行方向

第一步：电子齿轮比的设置。

为了满足速度和精度的要求，将电机的圈脉冲设为 1600 个。电机转一圈输入的指令脉冲量（1600 个）和编码器输出的检测脉冲量（160000 个）不相符。这时我们通过伺服放大器内部虚拟电子齿轮，利用电子齿轮比将指令脉冲量（1600 个）换算成编码器分辨率（160000）。

可得到电子齿轮比为分子 / 分母 =160000/1600。

伺服驱动器电子齿轮比参数调节如表 3-24 所示。

表 3-24 设置电子齿轮比分子、分母

P1-44	指令分倍频分子	160000	对应编码器分辨为 160000
P1-45	指令分倍频分母	1600	设置指令脉冲发 1600 个，电机转一圈

第二步：硬件组态。

组态 X 轴和 Y 轴，参考 2.6.5 节案例 1 相关内容。

第三步：编写 PLC 程序。

参考 2.6.5 节案例 7 相关内容。

案例 8：　台达 B2 伺服系统画三角形

单轴丝杠螺距为 4mm，要求按下启动按钮"I0.0"，电机启动，运动控制平台沿 X 轴与 Y 轴绘制直角三角形，直角三角形的一条直角边为 30mm，另外一条直角边为 40mm，绘制顺序如图 3-35 所示。按下停止按钮"I0.1"，电机停止运行。请写出相应的程序。本案例运动控制平台示意图如图 3-36 所示，I/O 分配表见表 3-25。

图 3-35 直角三角形绘制顺序和坐标

图 3-36 案例 8 运动控制平台示意图

表 3-25 案例 8 I/O 分配表

输入	功能	输出	功能
I0.0	启动按钮	Q0.0	X 轴脉冲输出口
I0.1	停止按钮	Q0.1	X 轴电机运行方向
		Q0.2	Y 轴脉冲输出口
		Q0.3	Y 轴电机运行方向

第一步：电子齿轮比的设置。

为了满足速度和精度的要求，将电机的圈脉冲设为 1600 个。电机转一圈输入的指令脉冲量（1600 个）和编码器输出的检测脉冲量（160000 个）不相符。这时我们通过伺服放大器内部虚拟电子齿轮，利用电子齿轮比将指令脉冲量（1600 个）换算成编码器分辨率（160000）。

可得到电子齿轮比为分子 / 分母 =160000/1600。

伺服驱动器电子齿轮比参数调节如表 3–26 所示。

表 3-26 设置电子齿轮比分子、分母

P1-44	指令分倍频分子	160000	对应编码器分辨率为 160000
P1-45	指令分倍频分母	1600	设置指令脉冲发 1600 个，电机转一圈

第二步：硬件组态。

组态 X 轴和 Y 轴，参考 2.6.5 节案例 1 相关内容。

第三步：编写 PLC 程序。

参考 2.6.5 节案例 8 相关内容。

案例 9： 台达 B2 伺服系统画五角星

单轴丝杠螺距为 4mm，要求按下启动按钮"I0.0"，电机启动，运动控制平台沿 X 轴与 Y 轴绘制五角星，绘制顺序如图 3-37 所示。按下停止按钮"I0.1"，电机停止运行。请写出相应的程序。本案例运动控制平台示意图如图 3-38 所示，I/O 分配表见表 3-27。

图 3-37 五角星绘制顺序和坐标

图 3-38 案例 9 运动控制平台示意图

表 3-27 案例 9 I/O 分配表

输入	功能	输出	功能
I0.0	启动按钮	Q0.0	X 轴脉冲输出口
I0.1	停止按钮	Q0.1	X 轴电机运行方向
		Q0.2	Y 轴脉冲输出口
		Q0.3	Y 轴电机运行方向

第一步：电子齿轮比的设置。

为了满足速度和精度的要求，将电机的圈脉冲设为 1600 个。电机转一圈输入的指令脉冲量（1600 个）和编码器输出的检测脉冲量（160000 个）不相符。这时我们通过伺服放大器内部虚拟电子齿轮，利用电子齿轮比将指令脉冲量（1600 个）换算成编码器分辨率（160000）。

可得到电子齿轮比为分子 / 分母 =160000/1600。

伺服驱动器电子齿轮比参数调节如表 3-28 所示。

表 3-28 设置电子齿轮比分子、分母

P1-44	指令分倍频分子	160000	对应编码器分辨为 160000
P1-45	指令分倍频分母	1600	设置指令脉冲发 1600 个，电机转一圈

第二步：硬件组态。

组态 X 轴和 Y 轴，参考 2.6.5 节案例 1 相关内容。

第三步：编写 PLC 程序。

参考 2.6.5 节案例 9 相关内容。

第4章 西门子 V90 伺服系统应用案例

西门子伺服驱动器有多个系列，西门子 V90 伺服驱动器是目前应用较为广泛的伺服驱动器，本章以西门子 V90 伺服驱动器为例进行讲解。

西门子 V90 伺服驱动器型号：6SL3210-5FE10-4UA0。伺服电机型号：SIMOTICS S-1FL6。该伺服驱动器额定参数如下。

电源电压：三相 220~240V 或单相 220~240V。

额定输出电压：0~240V（三相）。

额定输出电流：2.6A。

额定输出功率：400W。

编码器类型：增量式。

编码器分辨率：2500（表示每转一圈发送 2500 个脉冲）。

控制方式：位置控制（外部脉冲信号）。西门子 S7-1200 系列 PLC 高速脉冲输出控制伺服运动。

4.1 西门子 V90 伺服系统硬件介绍

西门子 V90 系列伺服驱动器对原来的驱动器进行了性能升级，设定和调整极其简单；所配套的电机，采用增量式编码器，且实现了低齿槽转矩；提高了在低刚性机器上的稳定性，可在高刚性机器上进行高速高精度运转，广泛应用于各种机器。

运动控制装置所采用的西门子 V90 系列伺服电机为 SIMOTICS S-1FL6，铭牌及型号说明如图 4-1 所示，配套的伺服驱动器型号为 6SL3210-5FE10-4UA0，铭牌及型号说明如图 4-2 所示。

（a）

图 4-1 西门子 V90 系列伺服电机铭牌及型号说明

（b）

续图 4-1

（a）

（b）

图 4-2 西门子 V90 系列伺服驱动器铭牌及型号说明

4.2 伺服接线端子介绍

伺服驱动器外壳上有可以连接的电源输入端子和电机连接端子，其面板示意图及说明如图 4-3 所示。

序号	名称
1	前面板
2	控制电源输入连接器
3	主电源输入连接器
4	电机输出连接端子
5	制动电阻连接器
6	USB 输出端口
7	SD 卡插口
8	并行 IO 连接器
9	编码器连接器

图 4-3 西门子 V90 系列伺服驱动器面板示意图及说明

4.2.1 控制电源输入连接器介绍

当伺服系统使用悬挂轴时，如果 24V 电源的正负极接反，则轴会掉落，这可能会导致人身伤害和设备损坏事故。因此，要确保 24V 电源正确连接。

STO1、STO+ 和 STO2 在出厂时是默认短接的。当需要使用 STO（safe torque off）功能时，在连接 STO 接口前必须拔下接口上的短接片。若不使用该功能，必须重新插入短接片，否则电机无法运行。

STO 功能可以和设备功能一起协同工作，在故障情况下安全封锁电机的扭矩输出。选择此功能后，驱动器便处于"安全状态"。

STO 功能可以用于以下两种场景：驱动器需要通过负载扭矩或摩擦力在很短时间内达到静止状态；驱动器自由停车不安全。

西门子 V90 伺服驱动器控制电源接线图如图 4-4 所示，24V 电源 /STO 接口介绍见表 4-1。

图 4-4 西门子 V90 伺服驱动器控制电源接线图

表 4-1 24V 电源 /STO 接口介绍

接口	信号名称	描述	备注
	STO1	安全扭矩停止通道 1	
	STO+	安全扭矩停止的电源	
	STO2	安全扭矩停止通道 2	
	+24V	电源 DC 24V	电压公差： ·不带抱闸时：–15%~20% ·带抱闸时：–10%~10% 最大电流消耗： ·1.6A（不带抱闸电源） ·3.6A（带抱闸电源）
	M	电源 DC 0V	
	导线最大截面面积：1.5mm^2		

■■4.2.2 主电源输入连接器介绍

伺服驱动器电源接线方法分为单相与三相两种。三相适用于西门子 V90 全系列。单相适用于部分西门子 V90 伺服驱动器。单相接线时可将电源连接至 L1、L2 和 L3 中的任意两个上。

西门子 V90 伺服驱动器主电源接线图如图 4-5 所示。

（a）三相接线

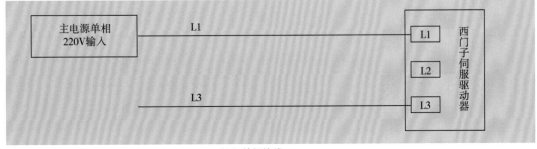

（b）单相接线

图 4-5 西门子 V90 伺服驱动器主电源接线图

4.2.3　电机输出连接端子介绍

西门子 V90 伺服驱动器电机输出连接端子接线图如图 4-6 所示。

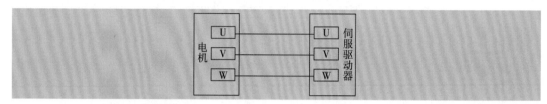

图 4-6　西门子 V90 伺服驱动器电机输出连接端子接线图

4.2.4　制动电阻连接器介绍

西门子 V90 伺服驱动器配有内部制动电阻，以吸收电机的再生能量。当内部制动电阻不能满足制动要求（即产生 A52901 报警）时，可以连接外部制动电阻。内置制动电阻接线方法如图 4-7 所示。

图 4-7　内置制动电阻接线方法

西门子 V90 伺服驱动器内置制动电阻规格如表 4-2 所示。

表 4-2　内置制动电阻规格

西门子 V90		电阻 /Ω	最大功率 /kW	额定功率 /W	最大能量 /kJ
电源	外形尺寸				
单相 / 三相，AC 200V 至 AC 240V	FSA	150	1.09	13.5	0.55
	FSB	100	1.64	20.5	0.82
	FSC	50	3.28	41	1.64
三相，AC 220V 至 AC 240V	FSD（1kW）	50	3.28	41	2.46
	FSD（1.5~2kW）	25	6.56	82	4.92
三相，AC 380V 至 AC 480V	FSAA	533	1.2	17	1.8
	FSA	160	4	57	6
	FSB	70	9.1	131	13.7
	FSC	27	23.7	339	35.6

连接外部制动电阻到 DCP 和 R1 端子前，必须拔下连接器上的短接棒，否则会使驱动器损坏。如图 4-8 所示，制动电阻连接在 DCP 和 R1 两端子上。

图 4-8　外接制动电阻接线方法

当电机驱动运动平台快速往返运动时，直流母线的电压会升高。若电压达到设定阈值，制动电阻开始工作，散热器温度开始升高（>100℃）。若报警 A52901 和 A5000 同时出现，则需要将内部制动电阻转换为外部制动电阻。用户可以根据表 4-3 选择外部制动电阻。

表 4-3　外部制动电阻的选择

西门子 V90		电阻 /Ω	最大功率 /kW	额定功率 /W	最大能量 /kJ
电源	外形尺寸				
单相 / 三相，AC 200V 至 AC 240V	FSA	150	1.09	20	0.8
	FSB	100	1.64	21	1.23
	FSC	50	3.28	62	2.46
三相，AC 220V 至 AC 240V	FSD（1kW）	50	3.28	62	2.46
	FSD（1.5~2kW）	25	6.56	123	4.92
三相，AC 380V 至 AC 480V	FSAA	533	1.2	30	2.4
	FSA	160	4	100	8
	FSB	70	9.1	229	18.3
	FSC	27	23.7	1185	189.6

■■■4.2.5　USB 输出端口介绍

如图 4-9 所示，驱动器可以通过 USB 输出端口与电脑连接，使得用户通过西门子软件 V-ASSISTANT-v1-06-00 控制伺服驱动器。

图 4-9 西门子 V90 伺服驱动器 USB 输出端口

■■4.2.6 并行 IO 连接器 X8 介绍

并行 IO 连接器 X8 端子分布如图 4-10 所示。

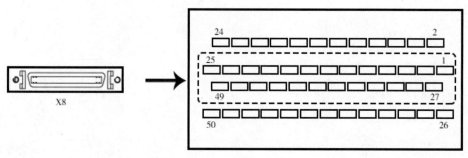

图 4-10 并行 IO 连接器 X8 端子分布

■■4.2.7 编码器连接器 X9 介绍

西门子 V90 200V 系列伺服驱动器仅支持增量式编码器，而西门子 V90 400V 系列伺服驱动器支持增量式编码器和绝对值式编码器。低惯量和高惯量电机的编码器连接方式不一样，在连接时需要按照接线图接线。西门子 V90 200V 系列和 400V 系列伺服驱动器编码器连接器介绍见表 4-4 和表 4-5。

表 4-4 西门子 V90 200V 系列伺服驱动器编码器连接器介绍

示意图	针脚号	增量式编码器	
		信号	描述
	低惯量电机，轴高：20mm、30mm 和 40mm		
	1	P_Supply	电源 5V
	2	M	电源 0V
	3	A+	相位 A+
	4	B+	相位 B+
	5	R+	相位 R+
	6	N.C	未连接
	7	P_Supply	电源 5V
	8	M	电源 0V
	9	A−	相位 A−
	10	B−	相位 B−
	11	R−	相位 R−
	12	屏蔽	接地

表 4-5 西门子 V90 400V 系列伺服驱动器编码器连接器介绍

示意图	针脚号	增量式编码器		绝对值式编码器（用于高惯量电机）	
		信号	描述	信号	描述
	低惯量电机，轴高：50mm 高惯量电机，轴高：45mm、65mm 和 90mm				
	1	P_Supply	电源 5V	P_Supply	电源 5V
	2	M	电源 0V	M	电源 0V
	3	A+	相位 A+	N.C	未连接
	4	A−	相位 A−	Clock_N	反相时钟
	5	B+	相位 B+	DATA_P	数据
	6	B−	相位 B−	Clock_P	时钟
	7	R+	相位 R+	N.C	未连接
	8	R−	相位 R−	DATA_N	反相数据

■■ 4.2.8 位置控制模式配线图

位置控制模式配线图如图 4-11 所示。

图 4-11 位置控制模式配线图

4.3 西门子 V90 系列伺服驱动器操作面板介绍和参数设定

■■ 4.3.1 西门子 V90 系列伺服驱动器操作面板介绍

西门子 V90 系列伺服驱动器操作面板介绍如图 4-12 所示。

将光标从当前位移动到前一位进行独立的位编辑，包括正向/负向标记的位
说明：
当编辑该位时，"_" 表示正，"–" 表示负

指示灯

6位七段数码管显示屏

• 翻至下一菜单项
• 增加参数值
• 顺时针方向点动

• 退出当前菜单
• 在主菜单中进行操作模式的切换

• 翻至上一菜单项
• 减小参数值
• 逆时针方向点动

短按：
• 确认选择或输入
• 进入子菜单
• 清除报警
长按：
激活辅助功能
• 设置Drive Bus总线地址
• 点动
• 保存驱动中的参数集（从RAM至ROM）
• 恢复参数集的出厂设置
• 传输数据(从驱动器至微型SD卡/SD卡)
• 传输数据(从微型SD卡/SD卡至驱动器)
• 更新固件

注：组合键的功能如下。

OK+M：长按组合键 4s 重启驱动器。

▲ + ◀：当右上角显示 ┏ 时，向左移动当前显示页，如 00.000。

▼ + ◀：当右上角显示 ┘ 时，向右移动当前显示页，如 0010。

图 4-12 西门子 V90 系列伺服驱动器面板介绍

面板上指示灯的状态如图 4-13 所示，指示灯状态说明见表 4-6。

图 4-13 指示灯的状态

表 4-6 指示灯的状态说明

指示灯	颜色	状态	描述
RDY	—	灭	控制板无 24V 直流输入
	绿色	常亮	驱动器处于伺服开状态
	红色	常亮	驱动器处于伺服关状态或启动状态
		以 1Hz 频率闪烁	存在报警或故障
COM	—	灭	未启动与 PC 的通信
	绿色	以 0.5Hz 频率闪烁	启动与 PC 的通信
		以 2Hz 频率闪烁	微型 SD 卡 /SD 卡正在工作（读取或写入）
	红色	常亮	与 PC 通信发生错误

■■ 4.3.2 西门子 V90 系列伺服驱动器的参数设定

参数定义分为 3 大群组，分别是 Para 可编辑参数、Data 只读参数数据、FUNC 功能组参数。Para 共分七组参数：–P0A，基本；P0B，增益调整；P0C，速度控制；P0D，扭矩控制；P0E，位置控制；P0F，IO；P AlI，所有参数。

在调试参数的过程中，七段数码管数字 / 字母显示请参照图 4–14。

1		6		A/a		F/f		K/k		P/p		U/u	
2		7		B/b		G/g		L/1		Q/q		V/v	
3		8		C/c		H/h		M/m		R/r		Y/y	
4		9		D/d		I/i		N/n		S/s		Z/z	
5		0		E/e		J/j		O/o		T/t			

图 4-14 七段数码管数字 / 字母显示

4.4　西门子 V90 系列伺服驱动器的常见操作案例

4.4.1　案例 1 参数恢复出厂设置

在第一次调试伺服驱动器时往往需要将参数恢复出厂设置，图 4-15 是西门子 V90 伺服驱动器参数恢复出厂设置的步骤。

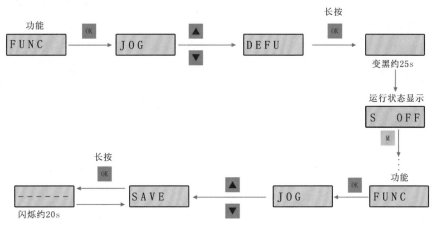

图 4-15 参数恢复出厂设置

4.4.2　案例 2 参数保存设置

参数保存功能用于将驱动器 RAM 中的参数集保存至 ROM。图 4-16 是西门子 V90 伺服驱动器参数保存的步骤。

图 4-16 参数保存

4.4.3　案例 3 JOG 点动参数设置

JOG 功能可以运行连接的电机和查看点动转速或扭矩。为确保正常运行，数字量信号 EMGS 必须保持在高电平 1，且完成 JOG 点动设置后，需要退出 JOG 模式才可操作伺服驱动器的其他功能。西门子 V90 伺服驱动器 JOG 点动参数设置的步骤如图 4-17 所示。

图 4-17 JOG 点动参数设置

4.5　西门子 V90 系列伺服驱动器的位置控制参数设置

　　伺服驱动装置工作于位置控制模式下。S7-1200 的 Q0.0 输出脉冲作为伺服驱动器的位置指令，脉冲数量决定了伺服电机的旋转位移，即机械手的直线位移，脉冲频率决定了伺服电机的旋转速度，即机械手的运动速度。S7-1200 的 Q0.2 输出脉冲作为伺服驱动器的方向指令。对于控制要求较为简单的装置，伺服驱动器可采用自动增益调整模式。西门子 V90 伺服驱动器位置控制参数设置如表 4-7 所示。

表 4-7　西门子 V90 伺服驱动器位置控制参数设置

序号	参数		设置数值	缺省设置	功能和含义
	参数号	参数名称			
1	P29002	BOP 面板显示	0	0	BOP 面板显示选择
2	P29003	控制模式设定	0	0	位置控制
3	P29014	选择脉冲输入电压级别	1	1	"0" 表示 5V，"1" 表示 24V
4	P29010	选择输入脉冲形式	0	0	指令脉冲输入方式设置为脉冲序列＋符号
5	P29011	电机每旋转一圈的脉冲数	4000	10000	设定相当于电机每旋转 1 圈所发的指令脉冲数。"4000" 代表发 4000 个脉冲电机旋转一圈
6	P29012[0]	指令分倍频分子（电子齿轮比分子）	10000	1	如果 P29011 为 0，P29012 和 P29013 有效
7	P29013	指令分倍频分母（电子齿轮比分母）	4000	1	如果 P29011 为 0，P29012 和 P29013 有效
8	P29301[0]	分配数字量输入	1	1	设定 DI1 为 1，代表 DI1 为伺服 ON 启动信号
9	P29302[0]	驱动禁止输入设定	2	2	设定 DI2 为 2，代表 DI2 为伺服复位信号
10	P29303[0]	驱动禁止输入设定	3	3	设定 DI3 为 3，代表 DI3 为 CWL 正转超限位信号
11	P29304[0]	驱动禁止输入设定	4	4	设定 DI4 为 4，代表 DI4 为 CCWL 反转超限位信号

4.6　位置控制参数的设定

1. P29002（BOP 面板显示）选择

P29002 的设定如表 4-8 所示。

表 4-8 P29002（BOP 面板显示）设定

设定值	含义
0	实际速度（默认值）
1	直流电压
2	实际扭矩
3	实际位置
4	位置跟随误差

设置参数：将 P29002 设为 0，表示实际速度。

2．P29003 控制模式设定

P29003 控制模式设定如表 4-9 所示。

表 4-9 P29003 控制模式设定

设定值	含义
0	通过脉冲序列输入（PTI）进行位置控制
1	内部设定值位置控制（IPos）
2	速度控制（S）
3	扭矩控制（T）

设置参数：将 P29003 设为 0，表示位置控制模式。

3．P29014 脉冲输入电压级别设定

P29014 可设定脉冲的逻辑级别，如表 4-10 所示。

表 4-10 脉冲输入电压级别设定

设定值	含义
0	5V
1	24V

设置参数：将 P29014 设为 1，表示脉冲输入电压级别为 24V。

4．P29010 输入脉冲形式设定

P29010 可设定脉冲输入形式。修改 P29010 之后，参考点会丢失，A7461 将提醒用户重新找回参考点。

输入脉冲形式设定如表 4-11 所示。

表 4-11 输入脉冲形式设定

设定值	含义
0	脉冲 + 方向，正逻辑
1	AB 相，正逻辑
2	脉冲 + 方向，负逻辑
3	AB 相，负逻辑

设置参数：将 P29010 设为 0，表示输入脉冲形式为脉冲 + 方向。

5. P29011 电机每旋转一圈的脉冲数设定

P29011 用于设定电机每转一圈的脉冲数。当脉冲数达到这一值时，伺服电机转一圈。当该值为 0 时，所需的脉冲数取决于电子齿轮比，即 P29012 和 P29013。

6. P29012[0] 指令分倍频分子（电子齿轮比分子）

对于使用绝对值式编码器的伺服系统，P29012 的取值范围为 1~10000。共有 4 个电子齿轮比分子，通过配置数字量输入信号 EGEAR 可以选择其中一个分子。关于分子计算的更多信息，请参见 SINAMICS V90 操作说明或通过 SINAMICS V-ASSISTANT 计算。当 P29011 为 0 时，P29012 起作用。

7. P29013 指令分倍频分母（电子齿轮比分母）

当 P29011 为 0 时，P29013 起作用。

8. P29301[0] 分配数字量 DI1 输入

其默认值为 1，功能选择参照表 4-12。

表 4-12 数字量输入信号 DI（PTI 模式）的功能

DI 功能	设置参数值	DI 功能	设置参数值	DI 功能	设置参数值	DI 功能	设置参数值
SON	1	EGEAR1	8	SPD1	15	POS2	22
RESET	2	EGEAR2	9	SPD2	16	POS3	23
CWL	3	TLIMT1	10	SPD3	17	REF	24
CCWL	4	TLIMT2	11	TSET	18	SREF	25
G-CHANGE	5	CWE	12	SLIMT1	19	STEPF	26
P-TRG	6	CCWE	13	SLIMT2	20	STEPB	27
CLR	7	ZSCLAMP	14	POS1	21	STEPH	28

设置参数：将 P29301 设为 1，表示 DI1 端子为伺服 SON 信号。

9．P29302[0] 分配数字量 DI2 输入

其默认值为 2，功能选择参照表 4-12。

设置参数：将 P29302 设为 2，代表伺服复位信号。

10．P29303[0] 分配数字量 DI3 输入

其默认值为 3，功能选择参照表 4-12。

设置参数：将 P29303 设为 3，代表伺服正限位信号。

11．P29304[0] 分配数字量 DI4 输入

其默认值为 4，功能选择参照表 4-12。

设置参数：将 P29304 设为 4，代表伺服负限位信号。

4.7　西门子 V90 伺服驱动器与西门子 S7-1200 PLC

4.7.1　伺服驱动器及其与 PLC 的接线

1．伺服驱动器 CWL 端子 7 和 CCWL 端子 8 的接线

伺服驱动器 CWL 端子 7 和 CCWL 端子 8 同时接通时，伺服驱动器才能够正常工作。西门子伺服驱动器的信号线是高电平有效的，所以公共端 DI_COM 接 0V。CWL 端子 7 和 CCWL 端子 8 通过限位开关的常闭触点给 24V 信号，与 DI_COM 构成回路。触发任意一组限位开关，伺服驱动器执行限位保护，让伺服电机停止。伺服驱动器 CWL 端子 7 和 CCWL 端子 8 的接线如图 4-18 所示。

图 4-18　伺服驱动器 CWL 端子 7 和 CCWL 端子 8 的接线

2．快速停止信号端子 13 的接线

当快速停止信号端子 13 高电平接通时电机正常运行，当快速停止信号端子 13 高电平断开时电机停止运行。伺服驱动器采用脉冲 + 方向控制时，快速停止信号端子 13 有停止伺服电机的功能。西门子伺服驱动器的信号线是高电平有效的，所以公共端 DI_COM 接 0V。快速停止信号端子 13 通过停止按钮的常闭触点给 24V 信号，与 DI_COM 构成回路。快速停止信号端子 13 的接线如图 4-19 所示。

图 4-19 快速停止信号端子 13 的接线

3. 伺服 ON 输入接线

当伺服驱动器执行点动控制时，伺服 ON 输入一定要断开，否则无法进行伺服点动控制。如果伺服驱动器采用脉冲 + 方向控制，伺服 ON 输入必须接通，伺服电机才能够正常工作。伺服 ON 输入有点动控制与自动控制切换的功能。伺服 ON 输入的接线如图 4-20 所示。

图 4-20 伺服 ON 输入的接线

4. 伺服驱动器与 PLC 的接线

（1）脉冲信号接线。

PTIA_24P 端子 36 和 PTIA_24M 端子 37 是伺服驱动器的脉冲信号端子。PTIA_24M 端子 37 是脉冲信号的负极，接 0V。PLC 给 24V 电压脉冲信号，与 PTIA_24P 端子 36 构成回路。这里以西门子 S7-1200 PLC 为例说明。西门子 S7-1200 PLC 的 Q0.0、Q0.2、Q0.4、Q0.6 可发送高速脉冲，此处选择 Q0.0 发送高速脉冲，脉冲信号接线如图 4-21 所示。

图 4-21 脉冲信号接线

（2）方向信号接线。

PTIB_24P 端子 38 和 PTIB_24M 端子 39 是伺服驱动器的方向信号端子。PTIB_24M 端子 39 是方向信号的负极，接 0V。PLC 给 24V 电压信号，与 PTIB_24P 端子 38 构成回路。

这里以西门子 S7-1200 PLC 为例说明。西门子 S7-1200 PLC 的 Q0.0、Q0.2、Q0.4、Q0.6 可发送高速脉冲，此处选择 Q0.1 为方向信号，方向信号接线如图 4-22 所示。

图 4-22　方向信号接线

5. 伺服驱动器与 PLC 的完整接线

这里以西门子 S7-1200 PLC 为例说明。西门子 S7-1200 PLC 的 Q0.0 为高速脉冲，Q0.1 为方向信号。CCWL 端子 8 接限位开关 SQ1，CWL 端子 7 接限位开关 SQ2，快速停止信号端子 13 接按钮开关 SB1，伺服 ON 输入端子 5 接按钮开关 SB2。伺服驱动器与 PLC 的完整接线如图 4-23 所示。

图 4-23　伺服驱动器与 PLC 的完整接线

4.7.2 电子齿轮比介绍

PLC 发出的脉冲数 × 电子齿轮比 = 编码器接收的脉冲数

P29011 ≠ 0 时，电子齿轮比由编码器分辨率和 P29011 的比值确定，即

$$电子齿轮比 = \frac{编码器分辨率}{P29011}$$

P29011 = 0 时，电子齿轮比由 P29012 和 P29013 的比值确定，即

$$电子齿轮比 = \frac{P29012}{P29013}$$

【例 1】 PLC 发出 5000 个脉冲，电机旋转 1 圈，如何设置电子齿轮比？

【解】 电机旋转 1 圈，编码器接收的脉冲数为 10000 个。

方案 1：P29011 ≠ 0 时，编码器接收的脉冲数 =PLC 发出的脉冲数 × $\dfrac{编码器分辨率}{P29011}$（电子齿轮比），将数值代入公式：

$$10000 = 5000 \times \frac{10000}{P29011}$$

得到 P29011=5000，所以电子齿轮比为 $\dfrac{10000}{5000}$。

方案 2：P29011=0 时，编码器接收的脉冲数 =PLC 发出的脉冲数 × $\dfrac{P29012}{P29013}$（电子齿轮比），将数值代入公式：

$$10000 = 5000 \times \frac{P29012}{P29013}$$

得到 $\dfrac{P29012}{P29013} = \dfrac{10000}{5000}$，所以电子齿轮比为 $\dfrac{10000}{5000}$。将 P29012 设为 10000，将 P29013 设为 5000。

【例 2】 丝杠螺距是 4mm，机械减速齿轮比为 1：1，西门子 V90 伺服电机编码器的分辨率为 10000（倍率默认为 4，故 2500×4=10000，下同），脉冲当量 LU 为 0.001mm（LU 为发一个脉冲工件移动的最小位移），如何设置电子齿轮比？

【解】 电子齿轮比设置见表 4-13。

表 4-13 电子齿轮比设置

机械结构参数	滚珠丝杠的螺距：4mm 减速齿轮比：1∶1
编码器分辨率	10000（西门子 V90 伺服电机编码器）
定义 LU （脉冲当量）	1LU=1μm=0.001mm
计算负载轴每转 的脉冲数	4mm/0.001mm=4000
计算电子齿轮比	当 P29011 ≠ 0 时，根据公式编码器接收的脉冲数 =PLC 发出的脉冲数 × $\dfrac{\text{编码器分辨率}}{P29011}$（电子齿轮比），将数值代入公式：$$10000=4000 \times \frac{10000}{P29011}$$ 得到 P29011=4000，所以电子齿轮比为 $\dfrac{10000}{4000}$。 当 P29011=0 时，根据公式编码器接收的脉冲数 =PLC 发出的脉冲数 × $\dfrac{P29012}{P29013}$（电子齿轮比），将数值代入公式：$$10000=4000 \times \frac{P29012}{P29013}$$ 得到 $\dfrac{P29012}{P29013} = \dfrac{10000}{4000}$，所以电子齿轮比为 $\dfrac{10000}{4000}$
设置参数	方法 1：将 P29011 设置为 4000，P29012、P29013 不用设置 方法 2：将 P29011 设置为 0，P29012 设置为 10000，P29013 设置为 4000

■■■4.7.3　PLC 程序控制案例

案例 1：　西门子 V90 伺服电机正反转

单轴丝杠螺距为 4mm，要求按下正转按钮"I0.0"，电机正转 10 圈，按下反转按钮"I0.1"，电机反转 10 圈，按下停止按钮"I0.2"，电机停止运行。请写出相应的程序。本案例运动控制平台示意图如图 4-24 所示，I/O 分配表见表 4-14。

图 4-24 案例 1 运动控制平台示意图

表 4-14 案例 1 I/O 分配表

输入	功能	输出	功能
I0.0	正转按钮	Q0.0	脉冲输出口
I0.1	反转按钮	Q0.1	电机运行方向
I0.2	停止按钮		

第一步：电子齿轮比的设置。

为了满足速度和精度的要求，将电机的圈脉冲设为 1600 个。电机转一圈输入的指令脉冲量（1600 个）和编码器输出的检测脉冲量（10000 个）不相符。这时我们通过伺服放大器内部虚拟电子齿轮，利用电子齿轮比将指令脉冲量（1600 个）换算成编码器分辨率（10000）。

可得到电子齿轮比为分子 / 分母 =10000/1600。

伺服驱动器电子齿轮比参数调节的方法有两种。

第一种方法：直接设置圈脉冲，不用设置电子齿轮比分子、分母参数，见表 4-15。

表 4-15 直接设置圈脉冲

P29011	电机每旋转一圈的脉冲数	1600	设定相当于电机每旋转一圈的指令脉冲数。"1600" 表示发 1600 个脉冲电机旋转一圈

第二种方法：不设置圈脉冲，设置电子齿轮比分子、分母参数，见表 4-16。

表 4-16 设置电子齿轮比分子、分母

P29012	指令分倍频分子（电子齿轮比分子）	10000	如果 P29011 为 0，P29012 和 P29013 有效
P29013	指令分倍频分母（电子齿轮比分母）	1600	如果 P29011 为 0，P29012 和 P29013 有效

第二步：计算电机需要的总脉冲数。

根据题意，要求按下 "I0.0" 电机走 10 圈，1 圈的脉冲数为 1600 个，可计算电机需要的总脉冲数为 10 × 1600 个 =16000 个。

第三步：硬件组态。

参考 2.6.5 节案例 1 相关内容。

第四步：编写 PLC 程序。

参考 2.6.5 节案例 1 相关内容。

西门子 V90 伺服电机点动

单轴丝杠螺距为 4mm，要求按下"I0.0"，电机点动正转，按下"I0.1"，电机点动反转。请写出相应的程序。本案例运动控制平台示意图如图 4-25 所示，I/O 分配表见表 4-17。

图 4-25 案例 2 运动控制平台示意图

表 4-17 案例 2 I/O 分配表

输入	功能	输出	功能
I0.0	电机点动正转	Q0.0	脉冲输出口
I0.1	电机点动反转	Q0.1	电机运行方向

第一步：电子齿轮比的设置。

为了满足速度和精度的要求，将电机的圈脉冲设为 1600 个。电机转一圈输入的指令脉冲量（1600 个）和编码器输出的检测脉冲量（10000 个）不相符。这时我们通过伺服放大器内部虚拟电子齿轮，利用电子齿轮比将指令脉冲量（1600 个）换算成编码器分辨率（10000）。

可得到电子齿轮比为分子 / 分母 =10000/1600。

·伺服驱动器电子齿轮比参数调节的方法有两种。

第一种方法：直接设置圈脉冲，不用设置电子齿轮比分子、分母参数，见表 4-18。

表 4-18 直接设置圈脉冲

P29011	电机每旋转一圈的脉冲数	1600	设定相当于电机每旋转一圈的指令脉冲数。"1600"表示发 1600 个脉冲电机旋转一圈

第二种方法：不设置圈脉冲，设置电子齿轮比分子、分母参数，见表 4-19。

表 4-19 设置电子齿轮比分子、分母

P29012	指令分倍频分子（电子齿轮比分子）	10000	如果 P29011 为 0，P29012 和 P29013 有效
P29013	指令分倍频分母（电子齿轮比分母）	1600	如果 P29011 为 0，P29012 和 P29013 有效

第二步：计算电机需要的总脉冲数。

根据题意，要求按下"I0.0"或"I0.1"电机运行，松开"I0.0"或"I0.1"电机停止，所以每次输出的脉冲数取 10 个。

第三步：硬件组态。

参考 2.6.5 节案例 1 相关内容。

第四步：编写 PLC 程序。

参考 2.6.5 节案例 2 相关内容。

案例 3： 西门子 V90 伺服电机一直正（反）转

单轴丝杠螺距为 4mm，要求按下"I0.0"，电机一直正转，按下"I0.1"，电机一直反转，按下"I0.2"，电机停止运行。请写出相应的程序。本案例运动控制平台示意图如图 4-26 所示，I/O 分配表见表 4-20。

图 4-26 案例 3 运动控制平台示意图

表 4-20 案例 3 I/O 分配表

输入	功能	输出	功能
I0.0	正转按钮	Q0.0	脉冲输出口
I0.1	反转按钮	Q0.1	电机运行方向
I0.2	停止按钮		

第一步：电子齿轮比的设置。

为了满足速度和精度的要求，将电机的圈脉冲设为 1600 个。电机转一圈输入的指令脉冲量（1600 个）和编码器输出的检测脉冲量（10000 个）不相符。这时我们通过伺服放大器内部虚拟电子齿轮，利用电子齿轮比将指令脉冲量（1600 个）换算成编码器分辨率（10000）。

可得到电子齿轮比为分子／分母 =10000/1600。

伺服驱动器电子齿轮比参数调节的方法有两种。

第一种方法：直接设置圈脉冲，不用设置电子齿轮比分子、分母参数，见表 4-21。

表 4-21　直接设置圈脉冲

P29011	电机每旋转一圈的脉冲数	1600	设定相当于电机每旋转一圈的指令脉冲数。"1600"表示发 1600 个脉冲电机旋转一圈

第二种方法：不设置圈脉冲，设置电子齿轮比分子、分母参数，见表 4-22。

表 4-22　设置电子齿轮比分子、分母

P29012	指令分倍频分子（电子齿轮比分子）	10000	如果 P29011 为 0，P29012 和 P29013 有效
P29013	指令分倍频分母（电子齿轮比分母）	1600	如果 P29011 为 0，P29012 和 P29013 有效

第二步：计算电机需要的总脉冲数。

根据题意，要求按下"I0.0"电机一直正转，按下"I0.1"电机一直反转，所以将脉冲数设为 −1，表示一直发脉冲。

第三步：硬件组态。

参考 2.6.5 节案例 1 相关内容。

第四步：编写 PLC 程序。

参考 2.6.5 节案例 3 相关内容。

案例 4： 西门子 V90 伺服系统回原点

单轴丝杠螺距为 4mm，要求按下"I0.0"，电机启动，运动控制平台开始回原点，碰到原点开关"I0.3"时电机停止运行，回原点完成。请写出相应的程序。本案例运动控制平台示意图如图 4-27 所示，I/O 分配表见表 4-23。

图 4-27　案例 4 运动控制平台示意图

表 4-23 案例 4 I/O 分配表

输入	功能	输出	功能
I0.0	启动回原点	Q0.0	脉冲输出口
I0.3	原点开关	Q0.1	电机运行方向

第一步：电子齿轮比的设置。

为了满足速度和精度的要求，将电机的圈脉冲设为 1600 个。电机转一圈输入的指令脉冲量（1600 个）和编码器输出的检测脉冲量（10000 个）不相符。这时我们通过伺服放大器内部虚拟电子齿轮，利用电子齿轮比将指令脉冲量（1600 个）换算成编码器分辨率（10000）。

可得到电子齿轮比为分子 / 分母 =10000/1600。

伺服驱动器电子齿轮比参数调节的方法有两种。

第一种方法：直接设置圈脉冲，不用设置电子齿轮比分子、分母参数，见表 4-24。

表 4-24 直接设置圈脉冲

P29011	电机每旋转一圈的脉冲数	1600	设定相当于电机每旋转一圈的指令脉冲数。"1600"表示发 1600 个脉冲电机旋转一圈

第二种方法：不设置圈脉冲，设置电子齿轮比分子、分母参数，见表 4-25。

表 4-25 设置电子齿轮比分子、分母

P29012	指令分倍频分子（电子齿轮比分子）	10000	如果 P29011 为 0，P29012 和 P29013 有效
P29013	指令分倍频分母（电子齿轮比分母）	1600	如果 P29011 为 0，P29012 和 P29013 有效

第二步：计算电机需要的总脉冲数。

根据题意，要求按下"I0.0"电机回原点，碰到"I0.3"电机停止运行，所以将脉冲数设为 –1，表示一直发脉冲。

第三步：硬件组态。

参考 2.6.5 节案例 1 相关内容。

第四步：编写 PLC 程序。

参考 2.6.5 节案例 4 相关内容。

西门子 V90 伺服系统自动往返

单轴丝杠螺距为 4mm，要求按下启动按钮 "I0.0"，电机开始正转，碰到右限位开关 "I0.1" 时电机反转，碰到左限位开关 "I0.2" 时电机正转，按下 "I0.3" 时电机停止运行。请写出相应的程序。本案例运动控制平台示意图如图 4-28 所示，I/O 分配表见表 4-26。

图 4-28 案例 5 运动控制平台示意图

表 4-26 案例 5 I/O 分配表

输入	功能	输出	功能
I0.0	启动按钮	Q0.0	脉冲输出口
I0.1	右限位开关	Q0.1	电机运行方向
I0.2	左限位开关		
I0.3	停止按钮		

第一步：电子齿轮比的设置。

为了满足速度和精度的要求，将电机的圈脉冲设为 1600 个。电机转一圈输入的指令脉冲量（1600 个）和编码器输出的检测脉冲量（10000 个）不相符。这时我们通过伺服放大器内部虚拟电子齿轮，利用电子齿轮比将指令脉冲量（1600 个）换算成编码器分辨率（10000）。

可得到电子齿轮比为分子 / 分母 =10000/1600。

伺服驱动器电子齿轮比参数调节的方法有两种。

第一种方法：直接设置圈脉冲，不用设置电子齿轮比分子、分母参数，见表 4-27。

表 4-27 直接设置圈脉冲

P29011	电机每旋转一圈的脉冲数	1600	设定相当于电机每旋转一圈的指令脉冲数。"1600" 表示发 1600 个脉冲电机旋转一圈

第二种方法：不设置圈脉冲，设置电子齿轮比分子、分母参数，见表 4-28。

表 4-28 设置电子齿轮比分子、分母

| P29012 | 指令分倍频分子（电子齿轮比分子） | 10000 | 如果 P29011 为 0，P29012 和 P29013 有效 |
| P29013 | 指令分倍频分母（电子齿轮比分母） | 1600 | 如果 P29011 为 0，P29012 和 P29013 有效 |

第二步：计算电机需要的总脉冲数。

根据题意，要求按下启动按钮"I0.0"电机开始正转，碰到右限位开关"I0.1"时电机反转，碰到左限位开关"I0.2"时电机正转，所以将脉冲数设为 –1，表示一直发脉冲。

第三步：硬件组态。

参考 2.6.5 节案例 1 相关内容。

第四步：编写 PLC 程序。

参考 2.6.5 节案例 5 相关内容。

案例 6： 西门子 V90 伺服系统 A、B、C、D 四点自动往返和停止

单轴丝杠螺距为 4mm，要求按下"I0.0"，电机启动，运动控制平台开始从 A 点移动，1.6s 内走 20mm 到 B 点停止。停止 2s 后又开始前进，1.6s 内走 20mm 到 C 点停止。停止 2s 后又开始前进，3.2s 内走 40mm 到 D 点停止。停止 2s 后开始后退，6.4s 内走 80mm 到 A 点停止，停止 2s 后开始下一次循环运行。按下"I0.1"，电机停止运行。请写出相应的程序。本案例运动控制平台示意图如图 4–29 所示，I/O 分配表见表 4–29。

图 4-29 案例 6 运动控制平台示意图

表 4-29 案例 6 I/O 分配表

输入	功能	输出	功能
I0.0	启动按钮	Q0.0	脉冲输出口
I0.1	停止按钮	Q0.1	电机运行方向

运动控制平台的运动轨迹如图 4-30 所示。

图 4-30 运动控制平台的运动轨迹

第一步：电子齿轮比的设置。

为了满足速度和精度的要求，将电机的圈脉冲设为 1600 个。电机转一圈输入的指令脉冲量（1600 个）和编码器输出的检测脉冲量（10000 个）不相符。这时我们通过伺服放大器内部虚拟电子齿轮，利用电子齿轮比将指令脉冲量（1600 个）换算成编码器分辨率（10000）。

可得到电子齿轮比为分子 / 分母 =10000/1600。

伺服驱动器电子齿轮比参数调节的方法有两种。

第一种方法：直接设置圈脉冲，不用设置电子齿轮比分子、分母参数，见表 4-30。

表 4-30 直接设置圈脉冲

P29011	电机每旋转一圈的脉冲数	1600	设定相当于电机每旋转一圈的指令脉冲数。"1600" 表示发 1600 个脉冲电机旋转一圈

第二种方法：不设置圈脉冲，设置电子齿轮比分子、分母参数，见表 4-31。

表 4-31 设置电子齿轮比分子、分母参数

P29012	指令分倍频分子（电子齿轮比分子）	10000	如果 P29011 为 0，P29012 和 P29013 有效
P29013	指令分倍频分母（电子齿轮比分母）	1600	如果 P29011 为 0，P29012 和 P29013 有效

第二步：计算脉冲数和周期。

从 A 到 B 需要走 20mm/4mm=5 圈，要发 1600×5=8000 个脉冲。周期设定为 200μs，需要时间 8000×200μs=1.6s，到达 B 点停留 2s。

从 B 到 C 需要走 20mm/4mm=5 圈，要发 1600×5=8000 个脉冲。周期设定为 200μs，需要时间 8000×200μs=1.6s，到达 C 点停留 2s。

从 C 到 D 需要走 40mm/4mm=10 圈，要发 1600×10=16000 个脉冲。周期设定为 200μs，需要时间 16000×200μs=3.2s，到达 D 点停留 2s。

从 D 到 A 需要走 80mm/4mm=20 圈，要发 1600×20=32000 个脉冲。周期设定为 200μs，需要时间 32000×200μs=6.4s，到达 A 点停留 2s 后重新启动。

运动控制平台运行一个循环的总时长为 20.8s，时序图如图 4-31 所示。

图 4-31 运动控制平台运动的时序图

第三步：硬件组态。

参考 2.6.5 节案例 1 相关内容。

第四步：编写 PLC 程序。

参考 2.6.5 节案例 6 相关内容。

案例 7： 西门子 V90 伺服系统画正方形

单轴丝杠螺距为 4mm，要求按下启动按钮 "I0.0"，电机运行，运动控制平台沿 X 轴与 Y 轴绘制正方形，正方形边长为 50mm，绘制顺序如图 4–32 所示。按下停止按钮 "I0.1"，电机停止运行。请写出相应的程序。本案例运动控制平台示意图如图 4–33 所示，I/O 分配表见表 4–32。

图 4-32 正方形绘制顺序和坐标

图 4-33 案例 7 运动控制平台示意图

表 4-32 案例 7 I/O 分配表

输入	功能	输出	功能
I0.0	启动按钮	Q0.0	X 轴脉冲输出口
I0.1	停止按钮	Q0.1	X 轴电机运行方向
		Q0.2	Y 轴脉冲输出口
		Q0.3	Y 轴电机运行方向

第一步：电子齿轮比的设置。

为了满足速度和精度的要求，将电机的圈脉冲设为 1600 个。电机转一圈输入的指令脉冲量（1600 个）和编码器输出的检测脉冲量（10000 个）不相符。这时我们通过伺服放大器内部虚拟电子齿轮，利用电子齿轮比将指令脉冲量（1600 个）换算成编码器分辨率（10000）。

可得到电子齿轮比为分子 / 分母 =10000/1600。

伺服驱动器电子齿轮比参数调节的方法有两种。

第一种方法：直接设置圈脉冲，不用设置电子齿轮比分子、分母参数，见表 4-33。

表 4-33 直接设置圈脉冲

P29011	电机每旋转一圈的脉冲数	1600	设定相当于电机每旋转一圈的指令脉冲数。"1600"表示发 1600 个脉冲电机旋转一圈

第二种方法：不设置圈脉冲，设置电子齿轮比分子、分母参数，见表 4-34。

表 4-34 设置电子齿轮比分子、分母

P29012	指令分倍频分子（电子齿轮比分子）	10000	如果 P29011 为 0，P29012 和 P29013 有效
P29013	指令分倍频分母（电子齿轮比分母）	1600	如果 P29011 为 0，P29012 和 P29013 有效

第二步：硬件组态。

组态 X 轴和 Y 轴，参考 2.6.5 节案例 1 相关内容。

第三步：编写 PLC 程序。

参考 2.6.5 节案例 7 相关内容。

案例 8: 西门子 V90 伺服系统画三角形

　　单轴丝杠螺距为 4mm，要求按下启动按钮"I0.0"，电机启动，运动控制平台沿 X 轴与 Y 轴绘制直角三角形，直角三角形的一条直角边为 30mm，另外一条直角边为 40mm，绘制顺序如图 4-34 所示。按下停止按钮"I0.1"，电机停止运行。请写出相应的程序。本案例运动控制平台示意图如图 4-35 所示，I/O 分配表见表 4-35。

图 4-34　直角三角形绘制顺序和坐标

图 4-35　案例 8 运动控制平台示意图

表 4-35　案例 8 I/O 分配表

输入	功能	输出	功能
I0.0	启动按钮	Q0.0	X 轴脉冲输出口
I0.1	停止按钮	Q0.1	X 轴电机运行方向
		Q0.2	Y 轴脉冲输出口
		Q0.3	Y 轴电机运行方向

第一步：电子齿轮比的设置。

为了满足速度和精度的要求，将电机的圈脉冲设为 1600 个。电机转一圈输入的指令脉冲量（1600 个）和编码器输出的检测脉冲量（10000 个）不相符。这时我们通过伺服放大器内部虚拟电子齿轮，利用电子齿轮比将指令脉冲量（1600 个）换算成编码器分辨率（10000）。

可得到电子齿轮比为分子 / 分母 =10000/1600。

伺服驱动器电子齿轮比参数调节的方法有两种。

第一种方法：直接设置圈脉冲，不用设置电子齿轮比分子、分母参数，见表 4-36。

表 4-36 直接设置圈脉冲

P29011	电机每旋转一圈的脉冲数	1600	设定相当于电机每旋转一圈的指令脉冲数。"1600"表示发 1600 个脉冲电机旋转一圈

第二种方法：不设置圈脉冲，设置电子齿轮比分子、分母参数，见表 4-37。

表 4-37 设置电子齿轮比分子、分母

P29012	指令分倍频分子（电子齿轮比分子）	10000	如果 P29011 为 0，P29012 和 P29013 有效
P29013	指令分倍频分母（电子齿轮比分母）	1600	如果 P29011 为 0，P29012 和 P29013 有效

第二步：硬件组态。

组态 X 轴和 Y 轴，参考 2.6.5 节案例 1 相关内容。

第三步：编写 PLC 程序。

参考 2.6.5 节案例 8 相关内容。

案例 9: **西门子 V90 伺服系统画五角星**

单轴丝杠螺距为 4mm，要求按下启动按钮"I0.0"，电机启动，运动控制平台沿 X 轴与 Y 轴绘制五角星，绘制顺序如图 4-36 所示。按下停止按钮"I0.1"，电机停止运行。请写出相应的程序。本案例运动控制平台示意图如图 4-37 所示，I/O 分配表见表 4-38。

图 4-36 五角星绘制顺序和坐标

图 4-37 案例 9 运动控制平台示意图

表 4-38 案例 9 I/O 分配表

输入	功能	输出	功能
I0.0	启动按钮	Q0.0	X 轴脉冲输出口
I0.1	停止按钮	Q0.1	X 轴电机运行方向
		Q0.2	Y 轴脉冲输出口
		Q0.3	Y 轴电机运行方向

第一步：电子齿轮比的设置。

为了满足速度和精度的要求，将电机的圈脉冲设为 1600 个。电机转一圈输入的指令脉冲量（1600 个）和编码器输出的检测脉冲量（10000 个）不相符。这时我们通过伺服放大器内部虚拟电子齿轮，利用电子齿轮比将指令脉冲量（1600 个）换算成编码器分辨率（10000）。

可得到电子齿轮比为分子 / 分母 =10000/1600。

伺服驱动器电子齿轮比参数调节的方法有两种。

第一种方法：直接设置圈脉冲，不用设置电子齿轮比分子、分母参数，见表 4-39。

表 4-39　直接设置圈脉冲

P29011	电机每旋转一圈的脉冲数	1600	设定相当于电机每旋转一圈的指令脉冲数。"1600"表示发 1600 个脉冲电机旋转一圈

第二种方法：不设置圈脉冲，设置电子齿轮比分子、分母参数，见表 4-40。

表 4-40　设置电子齿轮比分子、分母

P29012	指令分倍频分子（电子齿轮比分子）	10000	如果 P29011 为 0，P29012 和 P29013 有效
P29013	指令分倍频分母（电子齿轮比分母）	1600	如果 P29011 为 0，P29012 和 P29013 有效

第二步：硬件组态。

组态 X 轴和 Y 轴，参考 2.6.5 节案例 1 相关内容。

第三步：编写 PLC 程序。

参考 2.6.5 节案例 9 相关内容。

第5章 步进电机

5.1 步进电机概述

步进电机又称为脉冲电机，它基于最基本的电磁原理，利用可自由回转的电磁铁，依靠气隙磁导的变化来产生电磁转矩。二十世纪初，步进电机广泛应用于电话自动交换机以及缺乏交流电源的船舶和飞机等独立系统中。二十世纪五十年代后期，晶体管逐渐应用在步进电机上，使数字化的控制变得更为容易；到了八十年代，由于廉价的微型计算机以多功能的姿态出现，步进电机的控制方式更加灵活多样。

步进电机相对于其他控制用途电机的最大区别是，它接收电脉冲信号并将其转化成与之相对应的角位移或线位移，即它本身就是一个完成数字模式转化的执行元件。而且它能实现开环位置控制，输入一个脉冲信号就可得到一个规定的位置增量。这种增量位置控制系统与传统的直流控制系统相比，其成本明显降低，几乎不用进行系统调整。步进电机的角位移量与输入的脉冲数严格成正比，而且在时间上与脉冲同步，因而用户只要控制步进电机脉冲的数量、频率和电机绕组的相序，即可获得所需的转角、速度和方向。

5.2 步进电机的主要分类

步进电机从结构形式上可分为反应式步进电机、永磁式步进电机、混合式步进电机、单相步进电机、平面步进电机等多种类型。我国所采用的步进电机以反应式步进电机为主。步进电机的运行性能与控制方式有密切的关系，步进电机控制系统按控制方式可以分为以下三类：开环控制系统、闭环控制系统、半闭环控制系统。半闭环控制系统在实际应用中一般归类于开环或闭环控制系统中。

反应式步进电机：定子上有绕组，转子由软磁材料组成。其特点是结构简单，成本低，步距角小，步距角可达 1.2°，但动态性能差，效率低，发热量大，可靠性难以保证。

永磁式步进电机：转子用永磁材料制成，转子的极数与定子的极数相同。其特点是动态性能好，输出力矩大，但这种电机精度差，步距角大（一般为 7.5° 或 15°）。

混合式步进电机：综合了反应式和永磁式步进电机的优点，其定子上有多相绕组，转子采用永磁材料，转子和定子上均有多个小齿以提高步距角精度。其特点是输出力矩大，动态性能好，步距角小，但结构复杂，成本相对较高。

按定子上绕组来分，混合式步进电机有二相、三相和五相等系列，最受欢迎的是两相混合式步进电机，占 97% 以上的市场份额，原因是其性价比高，配上细分驱动器后效果良好。该种电机的基本步距角为 1.8°，配上半步驱动器后，步距角减小为 0.9°，配上细分驱动器后其步距角可细分为 256 份（即步距角为 0.007°）。但由于摩擦力和制造精度等，其实际控制精度略低。同一步进电机可配不同细分驱动器以改变精度和效果。

5.3　步进电机的选择

步进电机有步距角（涉及相数）、静力矩及电流三大参数。一旦这三大参数确定，步进电机的型号便确定下来了。

5.3.1　步距角的选择

步进电机的步距角取决于负载精度，将负载的最小分辨率（当量）换算到电机轴上，可得每个当量电机应走的角度（包括减速），电机的步距角应等于或小于此角度。目前市场上步进电机的步距角一般有 0.36°/0.72°（五相电机）、0.9°/1.8°（二、四相电机）、1.5°/3°（三相电机）等。

5.3.2　静力矩的选择

步进电机的动态力矩很难确定，往往先确定电机的静力矩。静力矩的选择依据是电机工作的负载，而负载可分为惯性负载和摩擦负载两种。单一的惯性负载和单一的摩擦负载是不存在的。直接启动时两种负载均要考虑，加速启动时主要考虑惯性负载，恒速运行时只需考虑摩擦负载。一般情况下，静力矩为摩擦负载的 2~3 倍较好。静力矩一旦选定，电机的机座及其几何尺寸便能确定下来。

5.3.3　电流的选择

静力矩相同的步进电机，由于电流参数不同，其运行特性差别很大，可依据矩频特性曲线图来判断及选择电机的电流（参考驱动电源及驱动电压）。

5.3.4　力矩与功率的换算

步进电机一般在较大范围内调速，其功率是变化的，一般只用力矩来衡量。力矩与功率的换算公式如下：

$$P = \Omega \cdot M$$
$$\Omega = 2\pi \cdot n/60$$
$$P = 2\pi n M/60$$

其中：P 为功率，单位为 W；Ω 为角速度，单位为 rad/s；n 为转速，单位为 r/min；M 为力矩，单位为 N·m。

$$P=2\pi fM/400 \quad （半步工作时）$$

其中：f 为每秒脉冲数（简称 PPS）。

5.4　工作原理

通常步进电机的转子为永磁体，当电流流过定子绕组时，定子绕组产生一矢量磁场。该磁场会带动转子旋转一角度，使得转子的磁场方向与定子的磁场方向一致。当定子的矢量磁场旋转一角度，转子也随着该磁场转一角度。每输入一个电脉冲，电机转动一个角度。它输出的角位移与输入的脉冲数成正比，且转速与脉冲频率成正比。改变绕组通电的顺序，电机就会反转。所以控制脉冲的数量、频率及电机各相绕组的通电顺序就可控制步进电机的转动。

5.5　发热原理

通常见到的各类电机，内部都是有铁芯和绕组线圈的。绕组有电阻，通电时会产生损耗，损耗值与电阻和电流的平方成正比，这就是我们常说的铜损。如果电流不是标准的直流或正弦波，还会产生谐波损耗。铁芯有磁滞涡流效应，在交变磁场中也会产生损耗，其值与材料、电流、频率、电压有关，这叫铁损。铜损和铁损都会以发热的形式表现出来，从而影响电机的效率。步进电机一般追求高定位精度和大力矩输出，效率比较低，电流一般比较大，且谐波成分高，电流交变的频率也随转速变化而变化，因而步进电机普遍存在发热情况，且情况比一般交流电机严重。

5.6　静态指标术语

步进电机：指利用电磁原理将电脉冲信号转换为线位移或角位移的设备。

脉冲：可以理解为上升沿信号和下降沿信号。

步距角：指每发送一个电脉冲信号，电机转子转过的角度，步进电机的步距角是固定值。

两相步进电机步距角一般为 1.8°。

三相步进电机步距角一般为 1.5°。

四相步进电机步距角一般为 0.9°。

五相步进电机步距角一般为 0.72°。

圈脉冲：指转子转一圈所需要的脉冲数。一圈为 360°，当细分倍数为 1 时，可求出两相步进电机圈脉冲一般为 200 个，三相步进电机圈脉冲一般为 240 个，四相步进电机圈脉冲一般为 400 个，五相步进电机圈脉冲一般为 500 个。

螺距：指螺纹相邻两牙在中径线上对应两点间的轴向距离。

脉冲当量：指发一个脉冲信号时滑台的位移量（涉及精度问题）。

5.7 动态指标术语

步距角精度：指步进电机每转过一个步距角，其实际值与理论值的误差，用百分数表示，即（差值÷步距角理论值）×100%。不同运行拍数下误差不同，四拍运行时应在 5% 之内，八拍运行时应在 15% 以内。

失步：指电机运转时的步数不等于理论步数的情况。

失调角：指转子齿轴线相对于定子齿轴线偏移的角度。电机运转必存在失调角，由失调角产生的误差，是不能采用细分驱动器解决的。

最大空载启动频率：指电机在某种驱动形式、电压及额定电流下，在不加负载的情况下，能够直接启动的最大频率。

最大空载运行频率：指电机在某种驱动形式、电压及额定电流下，不带负载的最高转速频率。

5.8 驱动方法

步进电机不能直接连接在工频交流或直流电源上工作，而必须使用专用的步进电机驱动器，它由脉冲发生控制单元、功率驱动单元、保护单元等组成。功率驱动单元与步进电机直接耦合，也可理解成步进电机微机控制器的功率接口。

5.9 步进驱动器和电机介绍

5.9.1 步进驱动器和电机外观

步进驱动器和电机外观如图 5-1 所示。

图 5-1 步进驱动器和电机外观

5.9.2 图解步进驱动器

步进驱动器外观及接口说明如图 5-2 所示。

图 5-2 步进驱动器外观及接口说明

5.9.3 图解电机

电机组成说明如图 5-3 所示。

图 5-3 电机组成说明

5.9.4 步进驱动器与电机接口介绍

1. 驱动器功能介绍

驱动器功能介绍见表 5-1。

表 5-1　驱动器功能介绍

驱动器功能	操作说明
指示灯	驱动器有红色和绿色两个指示灯。其绿色灯为电源指示灯，当驱动器上电后绿色灯闪烁；红色灯为故障指示灯，当出现过压、过流故障时，红色故障灯闪烁。当驱动器出现故障时，只有重新接上电和重启使能后才能清除故障
信号接口	脉冲信号 PUL+ 和 PUL– 为控制脉冲信号正端和负端； 方向信号 DIR+ 和 DIR– 为控制方向信号正端和负端； 使能信号 ENA+ 和 ENA– 为控制使能信号正端和负端
细分设定	SW1~SW3 三个拨码开关用来选择 8 挡微步细分。请对照驱动器面板选择对应细分倍数，设置时需保证驱动器不动作
电流设定	SW4~SW6 三个拨码开关用来选择 8 挡输出电流。请对照驱动器面板选择对应电流，设置时需保证驱动器不动作
电源接口	采用直流电源供电，DM542C 工作电压范围建议为 9~42V（直流），电源功率大于 100W
电机接口	电机 A+ 和电机 A– 接步进电机 A 相绕组的正、负端； 电机 B+ 和电机 B– 接步进电机 B 相绕组的正、负端； 当 A 相或 B 相正、负端互换时，可使电机转动方向反向

2. 驱动器接口介绍

驱动器接口介绍见表 5-2。

表 5-2　驱动器接口介绍

接口	符号	定义	备注
脉冲信号接口	PUL+	脉冲信号正极	在默认的 PUL+DIR 指令模式下时，用于控制电机运行的速度与行程； 在 CW+CCW 模式下时，用于控制电机正转速度与行程
	PUL–	脉冲信号负极	
方向信号接口	DIR+	方向信号正极	在默认的 PUL.+DIR 指令模式下时，用于控制电机运行的方向； 在 CW+CCW 模式下时，用于控制电机反转速度与行程
	DIR–	方向信号负极	
使能信号接口	ENA+	使能信号正极	默认设置时，内部光耦不导通，驱动器处于使能状态，驱动器响应上述 PUL/DIR 信号；输入信号使内部光耦导通，驱动器处于不使能状态，电机处于自由状态。使能可以根据客户需求修改
	ENA–	使能信号负极	

3. 电源和电机接口介绍

电源和电机接口介绍见表 5-3。

表 5-3 电源和电机接口介绍

接口	符号	定义	备注
电源输入接口	VCC	直流电源正极	直流电压 9~42V
	GND	直流电源负极	
电机接线接口	A+	步进电机 A 相绕组	将 A 相或 B 相正、负端互换时，可以改变电机运行方向。不同电机绕组接线方式请参考两相步进电机接线标识
	A−		
	B+	步进电机 B 相绕组	
	B−		

5.10 细分倍数设定和圈脉冲计算

细分倍数是由驱动器面板上的拨码开关选择设定的，用户可根据驱动器外壳上细分倍数设定参考表中的数据设定细分倍数（最好在断电情况下设定）。

1. 细分倍数设定

细分倍数设定表格如表 5-4 所示。

表 5-4 细分倍数设定表格

细分	每转脉冲数	SW1 状态	SW2 状态	SW3 状态
NC	NC	ON	ON	ON
1	200	ON	ON	OFF
2/A	400	ON	OFF	ON
2/B	400	OFF	ON	ON
4	800	ON	OFF	OFF
8	1600	OFF	ON	OFF
16	3200	OFF	OFF	ON
32	6400	OFF	OFF	OFF

2. 步进电机步距角

两相步进电机步距角一般为 1.8°。

三相步进电机步距角一般为 1.5°。

四相步进电机步距角一般为 0.9°。

五相步进电机步距角一般为 0.72°。

3. 步进圈脉冲

对于配了细分驱动器的步进电机，步进圈脉冲为圈脉冲与细分倍数（K）的积。

两相步进电机步进圈脉冲一般为 200*K*。

三相步进电机步进圈脉冲一般为 240*K*。

四相步进电机步进圈脉冲一般为 400*K*。

五相步进电机步进圈脉冲一般为 500*K*。

例如：一台两相步进电机固有步距角为 1.8°，把 SW1/SW2/SW3 调到 OFF/ON/OFF 后，细分倍数 *K*=8，步进圈脉冲数 =200×8=1600。

5.11　步进电机电流设置

SW4/SW5/SW6 拨码开关对应的电机电流如表 5-5 所示。

表 5-5　SW4/SW5/SW6 拨码开关对应的电机电流

电流 /A	SW4 状态	SW5 状态	SW6 状态
0.5	ON	ON	ON
1.0	ON	OFF	ON
1.5	ON	ON	OFF
2.0	ON	OFF	OFF
2.5	OFF	ON	ON
2.8	OFF	OFF	ON
3.0	OFF	ON	OFF
3.5	OFF	OFF	OFF

步进电机参数如图 5-4 所示。

图 5-4　步进电机参数

图 5-4 中，步进电机电流是 1.5A，SW4/SW5/SW6 拨码开关要调到 ON/ON/OFF。

5.12 步进驱动器与西门子 S7-1200 PLC

5.12.1 步进驱动器与 PLC 的接线

步进驱动器与西门子 S7-1200 PLC 的接线如图 5-5 所示。

图 5-5 步进驱动器与西门子 S7-1200 PLC 的接线

5.12.2 PLC 程序控制案例

案例 1： 步进电机正反转

单轴丝杠螺距为 4mm，要求按下正转按钮"I0.0"，电机正转 10 圈，按下反转按钮"I0.1"，电机反转 10 圈，按下停止按钮"I0.2"，电机停止运行。请写出相应的程序。本案例运动控制平台示意图如图 5-6 所示，I/O 分配表见表 5-6。

图 5-6 案例 1 运动控制平台示意图

表 5-6　案例 1 I/O 分配表

输入	功能	输出	功能
I0.0	正转按钮	Q0.0	脉冲输出口
I0.1	反转按钮	Q0.1	电机运行方向
I0.2	停止按钮		

第一步：细分倍数设置。

细分倍数越高，精度越高，但是速度越慢。为了满足速度和精度的要求，我们一般取经验值 $K=8$（圈脉冲为 1600 个）。

第二步：计算丝杠需要的总位移。

根据题意，要求按下"I0.0"电机走 10 圈，1 圈的位移为 4mm，可计算丝杠需要的总位移为 $10 \times 4mm = 40mm$。

第三步：编写 PLC 程序。

参考 2.6.5 节案例 1 相关内容。

案例 2：　步进电机点动

单轴丝杠螺距为 4mm，要求按下"I0.0"电机点动正转，按下"I0.1"电机点动反转。请写出相应的程序。本案例运动控制平台示意图如图 5-7 所示，I/O 分配表见表 5-7。

图 5-7　案例 2 运动控制平台示意图

表 5-7　案例 2 I/O 分配表

输入	功能	输出	功能
I0.0	电机点动正转	Q0.0	脉冲输出口
I0.1	电机点动反转	Q0.1	电机运行方向

第一步：细分倍数设置。

细分倍数越高，精度越高，但是速度越慢。为了满足速度和精度的要求，我们一般取经验值 $K=8$（圈脉冲为 1600 个）。

第二步：编写 PLC 程序。

参考 2.6.5 节案例 2 相关内容。

案例 3：　步进电机一直正（反）转

单轴丝杠螺距为 4mm，要求按下"I0.0"，电机一直正转，按下"I0.1"，电机一直反转，按下"I0.2"，电机停止运行。请写出相应的程序。本案例运动控制平台示意图如图 5-8 所示，I/O 分配表见表 5-8。

图 5-8 案例 3 运动控制平台示意图

表 5-8 案例 3 I/O 分配表

输入	功能	输出	功能
I0.0	正转按钮	Q0.0	脉冲输出口
I0.1	反转按钮	Q0.1	电机运行方向
I0.2	停止按钮		

第一步：细分倍数设置。

细分倍数越高，精度越高，但是速度越慢。为了满足速度和精度的要求，我们一般取经验值 $K=8$（圈脉冲为 1600 个）。

第二步：编写 PLC 程序。

参考 2.6.5 节案例 3 相关内容。

案例 4：　步进电机回原点控制

单轴丝杠螺距为 4mm，要求按下"I0.0"，电机启动，运动控制平台开始回原点，碰到原点开关"I0.3"时电机停止运行，回原点完成。请写出相应的程序。本案例运动控制平台示意图如图 5-9 所示，I/O 分配表见表 5-9。

图 5-9 案例 4 运动控制平台示意图

表 5-9 案例 4 I/O 分配表

输入	功能	输出	功能
I0.0	启动回原点	Q0.0	脉冲输出口
I0.3	原点开关	Q0.1	电机运行方向

第一步：细分倍数设置。

细分倍数越高，精度越高，但是速度越慢。为了满足速度和精度的要求，我们一般取经验值 $K=8$（圈脉冲为 1600 个）。

第二步：编写 PLC 程序。

参考 2.6.5 节案例 4 相关内容。

案例 5：步进电机自动往返控制

单轴丝杠螺距为 4mm，要求按下启动按钮"I0.0"，电机开始正转，碰到右限位开关"I0.1"时电机反转，碰到左限位开关"I0.2"时电机正转，按下"I0.3"时电机停止运行。请写出相应的程序。本案例运动控制平台示意图如图 5-10 所示，I/O 分配表见表 5-10。

图 5-10 案例 5 运动控制平台示意图

表 5-10 案例 5 I/O 分配表

输入	功能	输出	功能
I0.0	启动按钮	Q0.0	脉冲输出口
I0.1	右限位开关	Q0.1	电机运行方向
I0.2	左限位开关		
I0.3	停止按钮		

第一步：细分倍数设置。

细分倍数越高，精度越高，但是速度越慢。为了满足速度和精度的要求，我们一般取经验值 $K=8$（圈脉冲为 1600 个）。

第二步：编写 PLC 程序。

参考 2.6.5 节案例 5 相关内容。

案例 6：　步进电机 A、B、C、D 四点自动往返和停止控制

单轴丝杠螺距为 4mm，要求按下 "I0.0"，电机启动，运动控制平台开始从 A 点移动，1.6s 内走 20mm 到 B 点停止。停止 2s 后又开始前进，1.6s 内走 20mm 到 C 点停止。停止 2s 后又开始前进，3.2s 内走 40mm 到 D 点停止。停止 2s 后开始后退，6.4s 内走 80mm 到 A 点停止，停止 2s 后开始下一次循环运行。按下 "I0.1"，电机停止运行。请写出相应的程序。本案例运动控制平台示意图如图 5-11 所示，I/O 分配表见表 5-11。

图 5-11 案例 6 运动控制平台示意图

表 5-11 案例 6 I/O 分配表

输入	功能	输出	功能
I0.0	启动按钮	Q0.0	脉冲输出口
I0.1	停止按钮	Q0.1	电机运行方向

运动控制平台的运动轨迹如图 5–12 所示。

图 5-12 运动控制平台的运动轨迹

第一步：细分倍数设置。

细分倍数越高，精度越高，但是速度越慢。为了满足速度和精度的要求，我们一般取经验值 $K=8$（圈脉冲为 1600 个）。

第二步：计算脉冲数和周期。

从 A 到 B 需要走 20mm/4mm=5 圈，要发 $1600 \times 5=8000$ 个脉冲。周期设定为 200μs，需要时间 8000×200μs=1.6s，到达 B 点停留 2s。

从 B 到 C 需要走 20mm/4mm=5 圈，要发 $1600 \times 5=8000$ 个脉冲。周期设定为 200μs，需要时间 8000×200μs=1.6s，到达 C 点停留 2s。

从 C 到 D 需要走 40mm/4mm=10 圈，要发 $1600 \times 10=16000$ 个脉冲。周期设定为 200μs，需要时间 16000×200μs=3.2s，到达 D 点停留 2s。

从 D 到 A 需要走 80mm/4mm=20 圈，要发 $1600 \times 20=32000$ 个脉冲。周期设定为 200μs，需要时间 32000×200μs=6.4s，到达 A 点停留 2s 后重新启动。

运动控制平台运行一个循环的总时长为 20.8s，时序图如图 5–13 所示。

图 5-13 运动控制平台运动的时序图

第三步：编写 PLC 程序。

参考 2.6.5 节案例 6 相关内容。

案例 7：　步进电机画正方形控制

单轴丝杠螺距为 4mm，要求按下启动按钮 "I0.0"，电机启动，运动控制平台沿 X 轴与 Y 轴绘制正方形，正方形边长为 50mm，绘制顺序如图 5–14 所示。按下停止按钮 "I0.1"，电机停止运行。请写出相应的程序。本案例运动控制平台示意图如图 5-15 所示，I/O 分配表见表 5-12。

图 5-14 正方形绘制顺序和坐标

图 5-15 案例 7 运动控制平台示意图

表 5-12 案例 7 I/O 分配表

输入	功能	输出	功能
I0.0	启动按钮	Q0.0	X 轴脉冲输出口
I0.1	停止按钮	Q0.1	X 轴电机运行方向
		Q0.2	Y 轴脉冲输出口
		Q0.3	Y 轴电机运行方向

第一步：细分倍数设置。

细分倍数越高，精度越高，但是速度越慢。为了满足速度和精度的要求，我们一般取经验值 $K=8$（圈脉冲为 1600 个）。

第二步：编写 PLC 程序。

参考 2.6.5 节案例 7 相关内容。

案例8： 步进电机画三角形控制

单轴丝杠螺距为 4mm，要求按下启动按钮"I0.0"，电机启动，运动控制平台沿 X 轴与 Y 轴绘制直角三角形，直角三角形一条直角边为 30mm，另外一条直角边为 40mm，绘制顺序如图 5–16 所示。按下停止按钮"I0.1"，电机停止运行。请写出相应的程序。本案例运动控制平台示意图如图 5–17 所示，I/O 分配表见表 5–13。

图 5-16 直角三角形绘制顺序和坐标

图 5-17 案例 8 运动控制平台示意图

表 5-13 案例 8 I/O 分配表

输入	功能	输出	功能
I0.0	启动按钮	Q0.0	X 轴脉冲输出口
I0.1	停止按钮	Q0.1	X 轴电机运行方向
		Q0.2	Y 轴脉冲输出口
		Q0.3	Y 轴电机运行方向

第一步：细分倍数设置。

细分倍数越高，精度越高，但是速度越慢。为了满足速度和精度的要求，我们一般取经验值 $K=8$（圈脉冲为 1600 个）。

第二步：编写 PLC 程序。

参考 2.6.5 节案例 8 相关内容。

案例 9：　步进电机画五角星控制

单轴丝杠螺距为 4mm，要求按下启动按钮 "I0.0"，电机启动，运动控制平台沿 X 轴与 Y 轴绘制五角星，绘制顺序如图 5-18 所示。按下停止按钮 "I0.1"，电机停止运行。请写出相应的程序。本案例运动控制平台示意图如图 5-19 所示，I/O 分配表见表 5-14。

图 5-18　五角星绘制顺序和坐标

图 5-19　案例 9 运动控制平台示意图

表 5-14　案例 9 I/O 分配表

输入	功能	输出	功能
I0.0	启动按钮	Q0.0	X 轴脉冲输出口
I0.1	停止按钮	Q0.1	X 轴电机运行方向
		Q0.2	Y 轴脉冲输出口
		Q0.3	Y 轴电机运行方向

第一步：细分倍数设置。

细分倍数越高，精度越高，但是速度越慢。为了满足速度和精度的要求，我们一般取经验值 $K=8$（圈脉冲为 1600 个）。

第二步：编写 PLC 程序。

参考 2.6.5 节案例 9 相关内容。

参 考 文 献

[1] 西门子有限公司自动化与驱动集团 . 深入浅出西门子 S7–200 PLC [M]. 北京 : 北京航空 航天大学出版社，2003.

[2] 赵景波，等 . 零基础学西门子 S7–200 PLC[M]. 北京 : 机械工业出版社，2010.

[3] 刘华波，马艳 . 西门子 S7–200 PLC 编程及应用案例精选 [M]. 北京 : 机械工业出版社， 2016.

[4] 廖常初 . PLC 编程及应用 [M]. 北京 : 机械工业出版社，2008.

[5] 向晓汉 . 西门子 PLC 工业通信完全精通教程 [M]. 北京 : 化学工业出版社，2013.

[6] 曹振华 . 精通伺服控制技术及应用 [M]. 北京 : 化学工业出版社，2022.